中老年学

微信与手机短视频

全程图解手册

全彩大字版

盛杰资讯 编著

U0323929

SPM 南方传媒

live

广东经济出版社
·广州·

图书在版编目（CIP）数据

中老年学微信与手机短视频全程图解手册：全彩大
字版 / 恒盛杰资讯编著 .—广州：广东经济出版社，
2022.11

ISBN 978-7-5454-8510-3

Ⅰ . ①中⋯ Ⅱ . ①恒⋯ Ⅲ . ①手机软件 – 中老年读物
Ⅳ . ① TP319–49

中国版本图书馆 CIP 数据核字 (2022) 第 182178 号

策　　划	颉腾文化	**责任校对**	赵小丽
责任编辑	李孜孜　杨淼　郝锦枝	**封面设计**	创锐设计

中老年学微信与手机短视频全程图解手册（全彩大字版）
ZHONGLAONIAN XUE WEIXIN YU SHOUJI DUANSHIPIN QUANCHENG TUJIE SHOUCE（QUANCAI DAZIBAN）

出 版 人	李　鹏
出版发行	广东经济出版社（广州市环市东路水荫路 11 号 11 ~ 12 楼）
经　　销	全国新华书店
印　　刷	北京市荣盛彩色印刷有限公司（河北省保定市涿州市常家庄村）
开　　本	710 毫米 ×1000 毫米　1/16
印　　张	11.5
字　　数	214 千字
版　　次	2022 年 11 月第 1 版
印　　次	2022 年 11 月第 1 次
书　　号	ISBN 978-7-5454-8510-3
定　　价	69.00 元

图书营销中心地址：广州市环市东路水荫路 11 号 11 楼
电话：（020）87393830　邮政编码：510075
如发现印装质量问题，影响阅读，请与本社联系
广东经济出版社常年法律顾问：胡志海律师

PREFACE 前言

随着移动互联网的快速发展和智能手机等移动设备的普及，微信与短视频也变得越来越流行。玩微信、刷短视频已不再是年轻人的专利，在中老年群体中也渐渐兴起了这样一股热潮。本书就是一本专为中老年朋友编写的实用手机操作基础教程，手把手地教中老年朋友如何用好智能手机，玩转微信与短视频。

◎ 内容结构

全书采用循序渐进的讲解方式，总共安排了 10 个章节的内容。第 1 章讲解智能手机初体验，主要包含智能手机的一些基础设置，如手机连网、安装应用程序、输入文字等内容。第 2 ~ 6 章全面而详细地讲解微信的使用，主要包含微信的注册、基础功能设置、添加好友、与好友交流等内容。第 7 ~ 10 章讲解短视频的拍摄、剪辑和分享，主要包含基础的短视频拍摄技巧、如何拍摄有创意的短视频、短视频的剪辑和短视频的分享等内容。

◎ 编写特色

★ 本书从智能手机的基础设置开始讲解，逐步过渡到微信、短视频，基本涵盖了微信的注册和设置、短视频的拍摄与剪辑等内容，让智能手机能够真正成为中老年朋友的"好帮手"。

★ 本书对每个操作均以"一步一图"的方式进行讲解。直观的图片演示和详尽的操作指导，让中老年朋友一看就能明白，学习起来更加轻松、高效。

★ 本书中的每个操作均以用户规模较大的安卓系统手机录制了相应的操作视频，读者可扫码观看。

★ 全书采用了较大号的字体设计，以提升中老年朋友的阅读体验。

◎ 读者对象

本书非常适合想要玩微信、短视频的零基础中老年朋友阅读，也适合其他对智能手机不熟悉的读者参考。

由于编者水平有限，本书难免有不足之处，恳请广大读者批评指正。

编者

2022 年 9 月

如何获取学习资源

步骤1：扫码关注微信公众号

在手机微信的"发现"页面中点击"扫一扫"功能，如右一图所示，进入"扫一扫"界面，将手机摄像头对准右二图中的二维码，扫描识别后进入"详细资料"页面。点击"关注公众号"按钮，关注我们的微信公众号。

步骤2：获取学习资源下载地址和提取码

点击公众号主页面左下角的小键盘图标，进入输入状态。在输入框中输入本书书号的后6位数字"485103"，点击"发送"按钮，公众号会自动回复一条消息，其中包含本书学习资源的下载地址和提取码，如右图所示。

步骤3：将资源下载地址和提取码从手机端传输到计算机端

在计算机上启动网页浏览器，在地址栏中输入网址 https://filehelper.weixin.qq.com/，按【Enter】键，打开微信文件传输助手网页版，如下左图所示。用手机微信的"扫一扫"功能扫描页面中的二维码进行登录，登录后的页面如下右图所示。

在手机微信中找到公众号回复的消息，长按消息，在弹出的菜单中点击"转发"命令，如右图所示。

在聊天列表中选择将消息转发给账号"文件传输助手"，如下左图所示。计算机端的网页版文件传输助手就会收到转发的消息，如下右图所示。

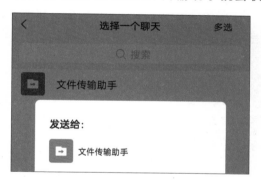

步骤 4：打开资源下载页面并提取文件

在计算机端网页版文件传输助手收到的消息中选中资源下载地址，将其复制并粘贴到浏览器地址栏中，按【Enter】键，打开资源下载页面。将消息中的提取码复制并粘贴到下载页面的"请输入提取码"文本框中，再单击"提取文件"按钮，进入下载文件的页面。在页面中单击打开资源文件夹，在要下载的文件名后单击"下载"按钮，即可将学习资源下载到计算机中。如果页面中提示需要登录百度账号或安装百度网盘客户端，则按提示操作（百度网盘注册为免费用户）即可。下载的资料如果为压缩包，可使用 7-Zip、WinRAR 等软件解压。

> **提示**
>
> 读者在下载和使用学习资源的过程中如果遇到自己解决不了的问题，请加入 QQ 群 111083348，下载群文件中的详细说明，或者向群管理员寻求帮助。

目 录

CONTENTS

第 1 章 手机的基础功能应用

第 2 章 微信的注册和基础设置

第 **3** 章 微信的功能设置

第 **4** 章 添加微信好友

第 **5** 章 与微信好友进行交流互动

第 6 章　微信在日常生活中的应用

第 **7** 章 拍视频：快速入门一点通

第 **8** 章 学拍摄：短视频也有大创意

第 **9** 章 学剪辑：精彩视频得心应手

第 **10** 章 学分享：创意作品不私藏

手机的基础功能应用

和"老人机"相比，智能手机摒弃了实体键盘，并采用尺寸更大、可手指触摸操作的显示屏，其显示效果更好，操作也更加直观和人性化，上手难度也大大降低了。本章将讲解智能手机的一些基础功能，以帮助中老年朋友快速学会智能手机的操作。

1.1 基础操作简单学

"触屏如何操作"和"手机怎么连接网络"是中老年朋友初次接触智能手机时都会遇到的问题。下面就针对这两个问题对智能手机的基础操作进行讲解。

1.1.1 点与滑、推与拉

点与滑、推与拉是触屏手机最基础的操作。中老年朋友刚开始使用触屏手机时，可能会不太习惯，适应一段时间后就会感受到触屏手机的方便。下面笔者就来对触屏的操作进行详细讲解。

1. 点击

"点击"即轻触手机屏幕一次。无论什么系统的触屏手机，"点击"都是使用频率最高的基础操作。"点击"主要用于启动应用程序、选择功能项目、按下虚拟控制键、使用虚拟键盘输入字符等，如右图所示。

2. 双击

"双击"是指在短时间内连续点击手机屏幕两次。该操作主要用于快速缩放或暂停。例如，浏览图片或文章时，双击屏幕可使图片或文字放大或缩小；使用某些视频应用程序播放视频时，双击屏幕可暂停或继续播放。

3. 长按

"长按"也称"点住"，是用手指按住手机屏幕超过两秒钟，常用于调出功能菜单。例如，在"微信"中长按任一聊天记录可弹出功能菜单，如右图所示。

4. 拖动

"拖动"是指按住并移动手指。该操作常用于编辑手机桌面及卸载应用程序。例如，长按桌面图标，当图标显示为抖动状态时，可拖动调整图标位置，如下图所示。

5. 滑动

"滑动"是指快速移动手指一段距离后抬起，用于在手机桌面或某些应用程序中切换页面。例如，在手机桌面中向左或向右滑动来切换页面，如下图所示。

6. 下拉

"下拉"是指手指在手机屏幕上向屏幕底端滑动。该操作主要用于调出下拉通知栏，如下图所示。

7. 上推

"上推"是指手指在手机屏幕上向屏幕顶端滑动。该操作主要用于弹出后台程序的滚动界面或关闭单个后台程序。下图所示即为"上推"弹出的后台程序的滚动界面。

1.1.2　手机连网指南

　　智能手机要连接网络才能尽其所长，然而随之而来的网络安全问题也不容忽视。下面将详细讲解如何用智能手机连接 Wi-Fi 或移动数据网络，以及连接公共网络的注意事项。

1. 连接Wi-Fi

　　Wi-Fi 是通过路由器发射信号，来连接信号，适合在家中、办公室这种稳定的环境中使用。并且，因为连接的设备没有那么多，所以 Wi-Fi 信号大多比较稳定。中老年朋友在家时，一般情况下只需要连接 Wi-Fi 即可。

扫码看视频

---

01 点击"设置"图标

打开手机，在手机桌面找到并点击"设置"图标，如下图所示。

03 开启"无线局域网"

进入"设置"页面,可看到"无线局域网"右侧的按钮为灰色，即关闭状态，点击该按钮，如右图所示。

---

02 点击"无线局域网"选项

进入"设置"页面，在页面中点击"无线局域网"选项，如下图所示。这一选项在安卓系统中显示为"WLAN"。

04 点击要连接的Wi-Fi热点

开启无线局域网，此时右侧的按钮变为绿色，在下方显示的列表中点击要连接的 Wi-Fi 热点，如右图所示。

无线局域网	
网络	
2608 ——点击	🔒 📶 ⓘ
2608_5G	🔒 📶 ⓘ
ChinaNet-4jmn	🔒 📶 ⓘ
ChinaNet-AXsh	🔒 📶 ⓘ
ChinaNet-AXsh-5G	🔒 📶 ⓘ
ChinaNet-peMG	🔒 📶 ⓘ
DIRECT-12-HP DeskJet 3830 series	🔒 📶 ⓘ

> **提示**
>
> 可连接的 Wi-Fi 热点列表通常会按信号强弱来排序，点击前要看清 Wi-Fi 热点的名称。

05 输入密码

进入"输入密码"页面，❶在页面中输入要连接的 Wi-Fi 热点的密码，❷点击"加入"按钮，如下图所示。

06 查看是否连接成功

返回"无线局域网"页面，此时"无线局域网"下方会显示连接成功的 Wi-Fi 热点，如下图所示。

❮设置 无线局域网	
无线局域网	
✓ 2608	🔒 📶 ⓘ
网络	
小米共享 WiFi_B2D0	📶 ⓘ
2409	🔒 📶 ⓘ
2608_5G	🔒 📶 ⓘ
ChinaNet-4jmn	🔒 📶 ⓘ
ChinaNet-AXsh	🔒 📶 ⓘ

2. 连接移动数据网络

当中老年朋友出门在外且没有可靠的 Wi-Fi 热点可以使用的时候，如果想要使用智能手机上网，就需要开启手机中的移动数据网络。相比 Wi-Fi 热点，移动数据网络可以让中老年朋友随时随地上网，但是连接移动数据网络上网会产生相对较高的通信费用。

扫码看视频

01 打开移动数据网络选项

点击手机中的"设置"图标，进入"设置"页面。在此页面可看到"蜂窝网络"显示为"关闭"状态，点击"蜂窝网络"，如右图所示。

提示

苹果手机上管理移动数据网络的选项为"蜂窝数据"选项。安卓系统单卡手机上管理移动数据网络的选项为"移动网络"选项。

02 开启移动数据网络

进入"蜂窝网络"页面，点击"蜂窝数据"右侧的按钮，开启蜂窝数据，如下图所示。

03 查看是否开启移动数据网络

开启蜂窝数据后，可看到"蜂窝数据"右侧的按钮变为绿色，表示移动数据网络已开启，如下图所示。

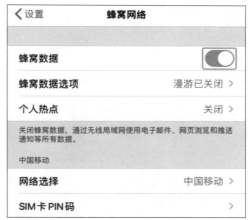

3. 连接公共网络的安全注意事项

中老年朋友在连接公共网络时，若不小心连接到欺骗性的网络热点，可能会导致财产损失及隐私泄露等问题。为了防范这些问题，中老年朋友应了解并谨记以下安全事项。

● 不使用网络时，要关闭手机的Wi-Fi开关，尤其是在户外或经过公共场所时，不要打开Wi-Fi开关，以防止手机自动连接同名、无密码的Wi-Fi及非法Wi-Fi。

● 如果在同一区域有多个名称相似的Wi-Fi，一定要注意Wi-Fi名称的大小写、空格等信息，以免在选择Wi-Fi热点时不小心连接到错误的Wi-Fi。

● 在使用公共免费 Wi-Fi 时，最好不要进行手机支付、网银登录或转账等与个人财产有关的操作。

● 在使用公共免费 Wi-Fi 时，不要下载并安装来历不明的软件。

1.2　应用程序容易装

应用程序指的是智能手机中安装的 App。应用程序的下载与安装是智能手机的基本功能之一。中老年朋友想要使用各式各样的应用程序，就需要将这些应用程序下载并安装到自己的手机中。

1.2.1　安装程序怕病毒，官方下载更安全

手机自带应用商店中的应用程序通常都经过了严格的病毒扫描和安全性审核，中老年朋友应优先选择从应用商店中下载和安装应用程序。苹果手机的应用商店名为"App Store"，安卓手机的应用商店名为"应用商店"或"应用市场"。下面以苹果手机为例，详细介绍"微信"的下载和安装方法。

扫码看视频

01 打开"App Store"

打开手机，点击手机桌面的"App Store"（应用商店）图标，如下图所示。

02 启用"搜索"功能

进入"App Store"页面，点击该页面右下方的"搜索"按钮，如下图所示。

📄 提示

在安卓系统中，若要下载应用程序，点击手机桌面上的"应用商店"或"应用市场"图标。

手机的基础功能应用

进入"搜索"页面，❶在"搜索框"内输入"微信"，点击"搜索"按钮；❷在搜索结果中点击"微信"右侧的"获取"按钮，如下图所示。如果之前已经下载过，则为☁按钮。

开始下载"微信"，在右侧会显示应用程序的下载进度，如下图所示。

完成下载并安装后，应用程序右侧会显示"打开"按钮，点击该按钮，如下图所示，即可打开该应用程序。

退出"App Store"，返回手机桌面，可看到桌面上添加了"微信"图标，如下图所示。

第
1
章

1.2.2 应用程序数量多，合并规整不易忘

如果手机中的应用程序过多，在使用时可能需要翻动多个页面才能找到需要的应用程序图标。针对这种情况，我们可以根据自己的使用习惯，将常用的应用程序整理到同一个文件夹中，以便于查找。

扫码看视频

01 进入桌面的编辑状态

进入手机桌面，长按桌面上的空白区域直至图标抖动，进入桌面的编辑状态，如右图所示。

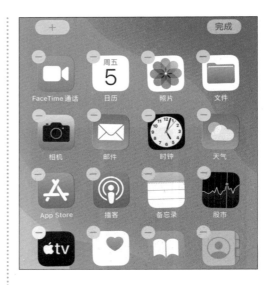

> **提示**
>
> 在安卓系统中，长按图标就可以实现拖动，将一个图标拖动放置到另一个图标之上，就可以自动创建一个文件夹。

02 拖动图标

拖动"图书"图标至"备忘录"图标，直至两个图标重叠，即可将这两个图标放置到一个新建的文件夹中，如下图所示。

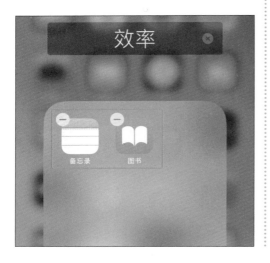

03 输入文件夹名称

点击上方的文本框，输入文件夹名称"系统程序"，如下图所示。

点击下方空白区域，返回手机桌面，可看到新建的"系统程序"文件夹，如下图所示。

返回手机桌面，可看到将应用程序拖动到文件夹中以后，手机桌面变得更加整洁了，如右图所示。

提示

如果需要将文件夹中的应用程序移出，长按文件夹中的应用程序图标，然后将该应用程序图标从文件夹中拖动出来即可。

重复相同的操作，将更多的系统应用程序图标拖动到新建的"系统程序"文件夹中，如下图所示。

第
1
章

1.3 打字要靠输入法

　　在智能手机上输入文本信息是必不可少的操作，此时就要用到输入法功能。目前智能手机上的主流中文输入法是拼音输入法。用户通过敲击手机屏幕上显示的虚拟键盘输入汉字的拼音，输入法就会列出对应的汉字供用户选择。但是，很多中老年朋友并不熟悉汉语拼音，这个时候手写输入法或语音输入法就成了最佳选择。

1.3.1　拼音不会莫着急，手写输入来帮忙

　　对于拼音基础差、打字慢的中老年朋友，手写输入法显得尤为方便和实用，只需要直接在手机屏幕上用手指"写字"，即可输入文本信息。下面将讲解如何切换至手写输入法并输入文本信息。

扫码看视频

01　点击"信息"图标

打开手机，在手机桌面找到并点击"信息"图标，如下图所示。

02　撰写新信息

进入"信息"页面，点击页面右上方的☑按钮，如下图所示。

03　进入新信息页面

进入"新信息"页面，可以看到手机默认为全键盘输入方式，点击下方的文本框，如下图所示。

04　切换输入方式

❶点击页面左下角的⊕按钮，❷在展开的列表中点击"简体手写"选项，如下图所示，即可切换至手写输入法。

05 输入文字

❶在下方出现的手写输入框中点击并滑动手指来"书写"文字，在手写文字上方会出现识别到的备选文字；❷点击要输入的字就可以了，如右图所示。

提示

在安卓系统中，若要切换为手写输入，❶在信息编辑页面中点击⌨按钮，如下左图所示；❷在展开的列表中点击"手写"选项，如下右图所示，即可切换为手写输入。

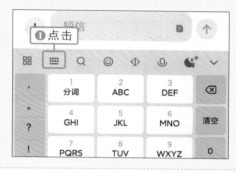

1.3.2　手指不灵眼睛花，试试说话把字打

如果中老年朋友看不清键盘或手指活动不灵活，也可以通过说话的方式输入文本信息。

扫码看视频

01 选择语言

继续在"新信息"页面进行操作，❶点击页面下方的文本框，❷长按🎤按钮，❸在展开的列表中滑动至"普通话"选项，如右图所示。

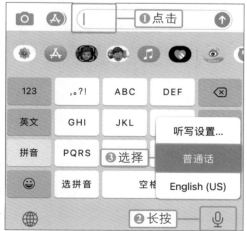

第1章

手机的基础功能应用

02 进行语音输入

此时，进入语音输入界面，用户可直接对准手机话筒说话，如说"下午在楼下等啊"，如下图所示。

03 完成信息输入

说完后，点击下方空白的区域，返回默认键盘界面，在文本框中会显示从语音识别出的文本内容，如下图所示。如果识别错误，还可以手动修改。

提示

在步骤 01 中，用户除了可以选择"普通话"，还可以选择"English（US）"等其他语言。若列表中没有要使用的语言，则需要点击"听写设置"，进入"听写语言"页面，然后在页面中选择要使用的语言。

提示

在安卓系统中，如果要使用语音输入，①点击信息编辑页面下方的文本框，②在展开的输入法键盘中点击 🎤 按钮，如右图所示，进入语音输入界面，此时直接对准手机话筒说话即可。

微信的注册和基础设置

微信是一款即时通信工具，它可以发送文字、图片、语音消息和视频等，并且消耗流量较少。使用微信进行社交，俨然成为一种新的生活方式。本章将对微信账号的注册、登录及微信个人信息的设置进行详细讲解。

2.1 账号注册不用愁，手机号码全搞定

完成了微信应用程序的下载和安装后，在使用该程序与朋友进行即时通信前，还需使用手机号注册一个微信账号。注册完成后，系统会自动使用新注册的微信账号和设置的密码登录微信。

 扫码看视频

01 进入"微信"

点击手机桌面上的"微信"图标，如下图所示。

02 点击"注册"按钮

进入"微信"主页面，点击"注册"按钮，如下图所示。

03　填写注册信息

❶在"用手机号注册"页面上填写昵称、手机号码、密码，❷点击"下一步"按钮，如下图所示。

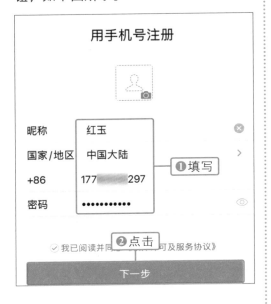

04　同意微信隐私保护指引

进入"微信隐私保护指引"页面，❶勾选下方的"我已阅读并同意上述条款"，❷点击"下一步"按钮，如下图所示。

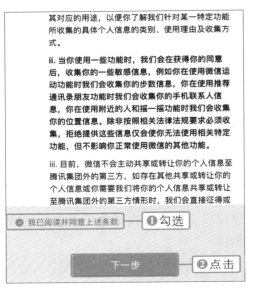

05　开始安全验证

进入"安全验证"页面，在该页面中点击"开始"按钮，如下图所示。

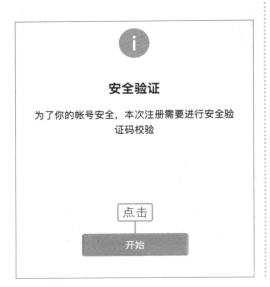

06　拖动滑块完成拼图

进入"微信安全"页面，在该页面中拖动图片下方的滑块完成拼图，如下图所示。

进入"发送短信以验证"页面，页面提示需使用注册账号所用的手机号码发送指定内容到指定号码，点击"前往发送短信"按钮，如下图所示。

系统自动进入短信编辑页面并已编辑好短信内容，点击页面下方的⬆按钮，发送消息，如下图所示。

验证短信发送成功后，返回"发送短信以验证"页面，在该页面中点击"我已发送，下一步"按钮，如下图所示。

此时，系统将弹出提示框，提示等待完成注册，如下图所示。

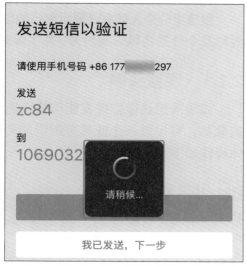

第2章

11 上传通讯录以匹配好友

验证完成后,弹出"查找你的微信朋友"对话框,点击"好"按钮,上传手机通讯录以匹配微信好友,如下图所示。

12 完成注册

随后系统自动登录该账号,并进入如下图所示的页面。

2.2 千篇一律太呆板,个人信息展个性

微信中的个人信息是展示自己的窗口之一。好友之间可以通过设置的头像、昵称及个性签名等识别对方,并了解对方的一些喜好,从而增进彼此间的交流。

2.2.1 设置头像

如果既想让微信好友能够快速地认出自己,又想保护自己的隐私,可设置一个既具有辨识度又符合自己喜好的头像,具体操作如下。

扫码看视频

01 切换至"我"页面

打开"微信",❶点击"我"按钮,❷点击头像,如下页左图所示。

02 修改"头像"

进入"个人信息"页面,点击"头像"按钮,如下页右图所示。

03 点击▓▓图标

进入"个人头像"页面，点击页面右上角的▓▓按钮，如下图所示。

04 点击"从手机相册选择"

在弹出的菜单中点击"从手机相册选择"选项，如下图所示。

💡 **提示**

在安卓系统中，点击"头像"按钮，将会直接打开手机系统的照片文件夹，文件夹中第一个图片位置是拍摄按钮，点击可以拍摄一张照片，而后面显示的是系统相册的图片。

💡 **提示**

在步骤04中也可以点击"拍照"选项，拍摄一张照片作为头像。

05 选择喜欢的图片

打开手机相册，在手机相册中选择喜欢的图片，如下图所示。

点击

06 编辑图片

①进入图片的编辑页面，对图片进行缩放和裁剪，达到满意的效果后，②点击"完成"按钮，如下图所示。

①编辑　②点击

取消　　还原　　完成

07 上传头像

返回"个人信息"页面，系统会提示"正在上传头像"，如下图所示。

正在上传头像

08 点击◀按钮

待头像上传完成后，页面中显示上传完成的图像，点击◀按钮，如下图所示。

个人头像

点击

09 完成新头像的设置

返回"个人信息"页面,可看到头像已更换为新设置的图片,如右图所示。

2.2.2 设置昵称

在微信中,昵称就像是一个人的名字,是在网络中为自己设置的一个称呼,可以用自己的名字或是一些字词来代表自己。中老年朋友设置一个适合自己的昵称,能够方便好友准确地识别自己。

扫码看视频

01 切换至"我"页面

打开"微信", ❶点击"我"按钮, ❷点击头像,如下图所示。

02 点击"名字"

进入"个人信息"页面,点击"头像"下方的"名字"选项,如下图所示。

第2章

> **提示**
>
> 微信昵称不支持一些特殊符号,如"<"">""/"等。微信昵称的字数限制在16个汉字或32个英文字符以内。

03 删除原有的昵称

进入"设置名字"页面，点击右侧的 ⊗ 按钮，删除文本框中原有的昵称，如下图所示。

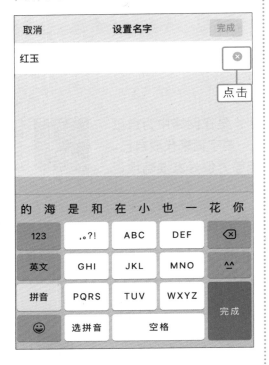

04 输入新的昵称

❶在文本框中输入新的昵称，❷点击"完成"按钮，如下图所示。

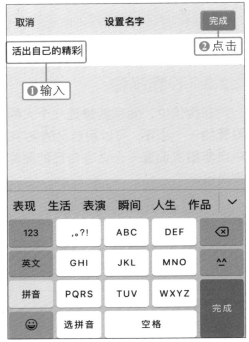

05 完成新昵称的设置

返回"个人信息"页面，可看到"名字"后面更换为了新的名字，如右图所示。

2.2.3 设置签名

签名在凸显个性的同时，也代表着自己当前的一种状态。设置个性签名能帮助好友了解自己的心情和近况。若中老年朋友对已设置的个性签名不满意，可进行更改，具体操作如下。

扫码看视频

01 点击"更多"

打开"微信",点击"我"按钮,点击头像,进入"个人信息"页面,在该页面中点击"更多"选项,如下图所示。

02 点击"个性签名"

进入"更多"页面,点击页面中的"个性签名"选项,如下图所示。

03 设置个性签名

进入"设置个性签名"页面,❶在文本框中输入个性签名内容(最多 30 个字符),❷点击"完成"按钮,如下图所示。

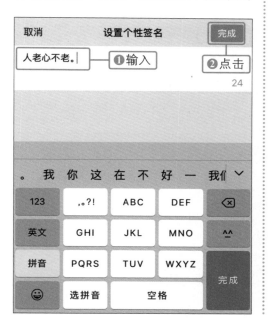

04 完成个性签名的设置

返回"更多"页面,可看到"个性签名"右侧显示了新设置的签名,如下图所示。

2.2.4　设置性别和地区

　　在微信的个人信息中，除了可以设置个性化的头像、昵称和签名，还可以对性别和地区等进行设置，具体操作如下。

扫码看视频

01　点击"更多"按钮

打开"微信"，点击"我"按钮，点击头像，进入"个人信息"页面，在该页面中点击"更多"按钮，如下图所示。

02　点击"性别"

进入"更多"页面，点击页面中的"性别"按钮，如下图所示。

03　选择性别

进入"设置性别"页面，❶点击页面中的"男"按钮，❷点击右上方的"完成"按钮，如下图所示。

04　点击"地区"

此时，可以看到性别已经被设置为"男"。然后点击"地区"按钮，如下图所示。

05 选择地区

进入"设置地区"页面，❶点击"定位到的位置"下方的地区，❷点击右上方的"完成"按钮，如下图所示。

06 完成地区设置

返回"更多"页面，可看到地区设置为了当前定位到的位置，如下图所示。

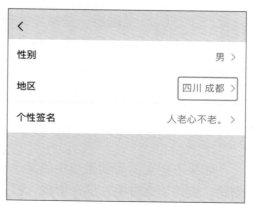

📋 提示

如果中老年朋友不想让他人知道自己的真实信息，可随意设置性别和地区。

学习笔记

第 3 章 微信的功能设置

安装微信后，为了让微信的使用更加顺手，需要先对微信进行一些简单的设置，如添加表情、设置隐私、调整字体大小等。本章将讲解如何对微信的各项功能进行设置，以指导中老年朋友更加舒心、安心地使用微信。

3.1 信息提示太频繁，消息免打扰来解决

如果不想实时看到微信中的某个好友或者是群里发送的消息，但是又不想删除，应该怎么办呢？这个时候，打开"消息免打扰"就可以解决这个烦恼。

3.1.1 为单个好友设置消息免打扰

中老年朋友的微信中往往也会添加许多的好友，如果不想在接收到好友消息时出现扰人的提示音，可以在该好友"聊天详情"页面里打开"消息免打扰"功能，具体操作如下。

扫码看视频

01 点击微信好友

打开"微信"，在微信中点击想要设置为免打扰模式的好友，如下图所示。

02 点击···图标

进入聊天页面，点击页面右上角的···图标，如下图所示。

03 点击"消息免打扰"

进入"聊天详情"页面，可看到"消息免打扰"右侧的按钮呈灰色，即关闭状态，点击该按钮，如下图所示。

04 打开"消息免打扰"

此时，可以看到上一步呈灰色的按钮变为绿色，即已打开了"消息免打扰"功能，如下图所示。

3.1.2　为微信群设置消息免打扰

在微信群中，用户可以进行多人互动。中老年朋友如果不想被微信群中大量的消息所打扰，可以为部分群开启"消息免打扰"功能以不接收消息提醒，具体操作如下。

扫码看视频

01 点击微信群

打开"微信"，点击想要设置为免打扰模式的好友群，如下图所示。

02 点击⋯图标

进入群聊天页面，点击页面右上角的⋯图标，如下图所示。

03 点击"消息免打扰"

进入"聊天信息"页面,用手往上滑动,找到并点击"消息免打扰"右侧的按钮,如下图所示。

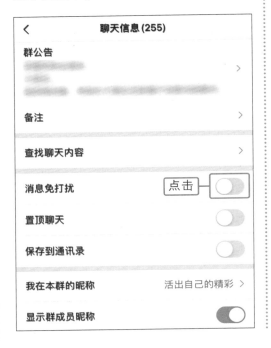

04 打开"消息免打扰"

此时,可以看到上一步呈灰色的按钮变为绿色,即已打开了"消息免打扰"功能,如下图所示。

3.2 聊天界面太单调,更改背景大不同

长期使用单一的聊天背景与好友进行交流,会使人感到单调、乏味。此时,中老年朋友可以将喜欢的图片设置为聊天背景,这样操作能让人在心情愉悦的同时,也能提高与好友交流的兴致。

扫码看视频

01 进入与好友聊天的页面

打开"微信",进入与好友聊天的页面,点击该页面右上角的┉按钮,如右图所示。

02 设置当前聊天背景

进入"聊天详情"页面,在该页面中点击"设置当前聊天背景"按钮,如下图所示。

04 选择喜欢的图片

打开手机相册,在手机相册中选择一个相簿,从相簿中选择并点击一张喜欢的图片,如右图所示。

提示

　　在步骤 03 中可以看到,微信系统为用户提供了 3 种更换聊天背景的方式。点击"选择背景图"选项,可以进入"选择背景图"页面中选择系统预设的聊天背景图;点击"拍一张"选项,进入拍摄界面,可以拍摄一张照片作为聊天背景图。

03 点击"从手机相册选择"

进入"聊天背景"页面,在该页面中点击"从手机相册选择"选项,如下图所示。

05 点击"完成"按钮

进入图片编辑页面,点击该页面右上角的"完成"按钮,如下图所示。

06 完成"聊天背景"的设置

此时,系统会自动返回与该好友的聊天页面,可看到聊天背景已更换为所选择的图片,如下图所示。

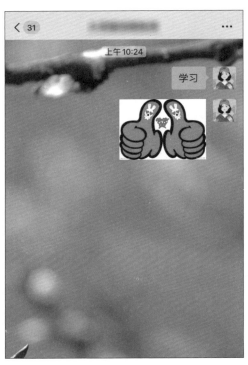

3.3 活泼表情趣味多,下载管理忙不停

在使用微信与好友交流时,我们常会互发一些活跃气氛的表情图片,但是微信默认提供的表情较少。中老年朋友可在表情商店中下载更多富有趣味性的表情,具体操作如下。

扫码看视频

01 点击"表情"按钮

打开"微信",❶点击"我"按钮,❷点击"表情"按钮,如右图所示。

进入"精选表情"页面，找到喜欢的表情，点击右侧的"添加"按钮，如下图所示。

此时所下载表情的右侧会出现下载进度条，如下图所示。

表情下载完成后，其右侧的"添加"按钮转变为"已添加"按钮。点击该页面右上角的⚙按钮，如右图所示。

> 📋 **提示**
>
> 表情商店中的表情有收费和免费两种，中老年朋友在下载表情时需要注意。

第3章

05 管理表情

进入"我的表情"页面，可看到所下载的表情。若不再喜欢该表情，可点击该表情右侧的"移除"按钮，如右图所示。

📋 提示

在步骤 02 中，若该页面中没有用户喜欢的表情，可点击"更多表情"按钮或在该页面上方的搜索框中输入表情关键词进行搜索。

‹	我的表情	排序
♡ 添加的单个表情		›
⊗ 我的自拍表情		›

聊天面板中的整套表情

来杯饮料吧 点击—移除

整套表情添加记录 ›

3.4 网络交友有风险，隐私设置要重视

中老年朋友在使用微信结交好友时，可通过微信的隐私设置来防止个人信息泄露，这样既能避免被陌生人打扰，又不会让别有用心者有机可乘。

扫码看视频

01 点击"朋友权限"

打开"微信"，点击"我"按钮，再点击"设置"按钮，进入"设置"页面，点击"朋友权限"按钮，如下图所示。

‹	设置	
帐号与安全		›
青少年模式		›
关怀模式		›
新消息通知		›
通用		›

隐私

| 朋友权限 —点击 | | › |
| 个人信息与权限 | | › |

02 点击"朋友圈"

进入"朋友权限"页面，在页面中点击"朋友圈"按钮，如下图所示。

‹	朋友权限	
加我为朋友时需要验证		⬤
添加我的方式		›
向我推荐通讯录朋友		⬤

开启后，为你推荐已经开通微信的手机联系人。

朋友权限

仅聊天		›
朋友圈 —点击		›
视频号		›
看一看		›

03 设置照片对陌生人不可见

进入"朋友圈权限"页面，可看到"允许陌生人查看十条朋友圈"按钮为开启状态，点击该按钮，如下图所示。

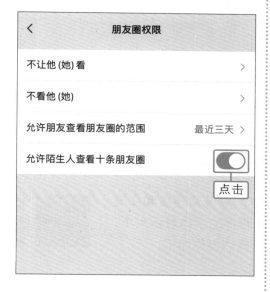

04 点击返回

此时，可看到"允许陌生人查看十条朋友圈"右侧的按钮呈灰色，即关闭状态。然后点击返回按钮，如下图所示。

05 点击"添加我的方式"

返回"朋友权限"页面，点击页面中的"添加我的方式"按钮，如下图所示。

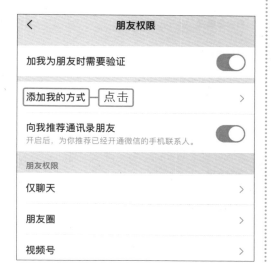

06 点击"手机号"

进入"添加我的方式"页面，可看到系统默认打开所有添加方式，若不想让他人通过手机号搜索到自己，可点击"手机号"右侧的按钮，如下图所示。

07 关闭手机号添加方式

此时，可看到"手机号"右侧的按钮呈灰色，即关闭状态，如右图所示。

> **提示**
>
> 　若想关闭其他的添加方式，在该页面中点击想要关闭的添加方式右侧的按钮即可。

3.5 视力不好不用怕，字体大小可调节

　　对于中老年朋友来说，字体的大小影响着阅读速度和交流体验。中老年朋友若是想要调整微信这个程序的字体显示大小，就要利用微信提供的字体设置功能实现，具体操作如下。

扫码看视频

01 点击"设置"

打开"微信"，❶点击"我"按钮，❷点击"设置"按钮，如下图所示。

02 点击"通用"

进入"设置"页面，在该页面中点击"通用"按钮，如下图所示。

03 点击"字体大小"

进入"通用"页面,在该页面中点击"字体大小"按钮,如下图所示。

04 调整字体大小

进入"设置字体大小"页面,在该页面中向右拖动"标准"下方的白色圆形滑块,如下图所示。

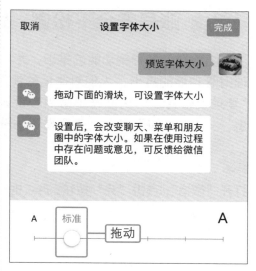

05 预览字体大小

此时,可看到该页面中的字体随着白色圆形滑块向右拖动而变大。将字体调整到合适的大小后,点击页面右上角的"完成"按钮,如下图所示。

06 查看字体大小的改变

返回"通用"页面,可看到该页面中的字体变大了,如下图所示。

> 📋 **提示**
>
> 　　此处的设置仅会改变微信界面的字体大小，如菜单、聊天界面、朋友圈的字体大小，并不会影响整个手机系统界面的字体大小。

3.6　账号安全不松懈，设备管理排隐患

　　随着微信各种新功能的推出，尤其是涉及个人财产的支付、理财等功能的推出，人们对微信的使用安全也愈加重视。使用"登录设备管理"功能管理常用登录设备能够排除一些安全隐患，为自己的隐私和财产安全增添一份保障。

扫码看视频

01 点击"帐号与安全"

打开"微信"，点击"我"按钮，再点击"设置"按钮，进入"设置"页面，点击"帐号与安全"按钮，如下图所示。

02 点击"登录设备管理"

进入"帐号与安全"页面，在该页面中点击"登录设备管理"按钮，如下图所示。

03 点击列表中的设备

进入"登录设备管理"页面，可看到最近登录过该账号的设备名称及登录时间的列表，点击列表中的第一个设备，如右图所示。

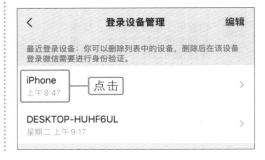

进入"设备详情"页面,点击页面中的"设备名称"按钮,如下图所示。

进入"设置设备名"页面,❶在文本框中输入设备名称,如"常用手机",❷点击"完成"按钮,如下图所示。

返回"登录设备管理"页面,可看到列表中第一个设备的名称已更改为上一步骤中输入的名称。点击"编辑"按钮,如下图所示。

此时可看到列表中所有设备名称的左侧都出现 图标,点击第二个设备名称左侧的 图标,如下图所示。

08 点击"删除"按钮

此时在设备名称的右侧会出现一个"删除"按钮,点击该按钮,如下图所示。

09 查看删除效果

此时可看到上一步骤中指定要删除的设备已从列表中消失,如下图所示。

> 💬 **提示**
>
> 　　若想删除多个登录设备,则需重复执行步骤 06 ~ 08 的操作。在删除的设备上重新再登录微信账户时需要进行身份验证。此外,在不常用的设备上登录自己的微信账户时也需要进行身份验证。

学习笔记

添加微信好友

要用微信与好友交流，需要先添加好友的微信账号。好友数量逐渐增多后，常常会记不住账号对应的是现实生活中的哪一位好友，此时可为好友设置备注名。此外，还可以通过添加标签对好友进行分类管理。

4.1 添加好友不用愁，多种方式任你选

微信添加好友的方式有多种，比如输入微信号、QQ号、手机号都能添加好友。下面以"输入手机号添加好友"的方式为例进行详细讲解。

扫码看视频

01 点击"添加朋友"

打开"微信"，❶点击"微信"页面右上角的⊕按钮，❷在展开的列表中点击"添加朋友"，如下图所示。

02 点击"搜索框"

进入"添加朋友"页面，点击页面中的搜索框，如下图所示。

03 搜索要添加好友的手机号

进入搜索页面，❶在"搜索框"中输入要添加好友的手机号，❷点击"搜索"按钮，如右图所示。

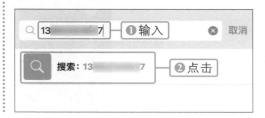

04 添加好友

进入好友详细资料页面，在该页面中点击"添加到通讯录"按钮，如下图所示。

05 发送好友验证申请

进入"申请添加朋友"页面，❶在"发送添加朋友申请"下方的文本框中输入能表明身份的信息，❷点击"发送"按钮，如下图所示。待好友通过验证申请后，即可与好友进行交流。

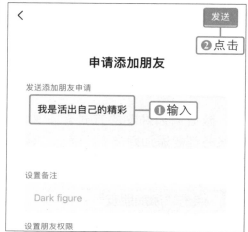

4.2 通讯录中有好友，一键添加效率高

当要添加的好友已经在手机通讯录中时，可直接将其添加为微信好友，具体操作如下。

扫码看视频

01 点击"添加朋友"

打开"微信"，❶点击"微信"页面右上角的⊕按钮，❷在展开的列表中点击"添加朋友"，如下图所示。

02 点击"手机联系人"

进入"添加朋友"页面，点击"手机联系人"，如下图所示。

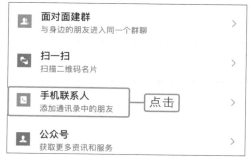

进入"通讯录朋友"页面，点击要添加的通讯录好友名称右侧的"添加"按钮，如下图所示。

进入"申请添加朋友"页面，❶在"发送添加朋友申请"下方的文本框中输入能表明身份的信息，❷点击"发送"按钮，如下图所示。待好友通过验证申请后，即可与好友进行交流。

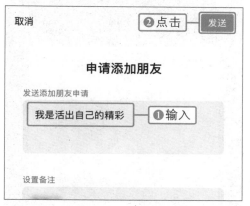

4.3 好友见面加微信，扫码添加真轻松

当中老年朋友与要添加的好友在现实生活中碰面时，除了可以通过以上讲解的方式添加好友外，还可以通过"扫一扫"好友微信二维码名片的方式快速添加好友。

扫码看视频

打开"微信"，❶点击"微信"页面右上角的⊕按钮，❷在展开的列表中点击"添加朋友"按钮，如下图所示。

进入"添加朋友"页面，该页面中显示了多种添加方式，这里是要扫描需要添加的朋友的二维码名片，因此点击"扫一扫"按钮，如下图所示。

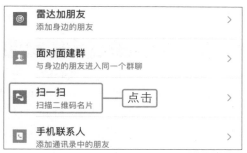

第4章

03 扫描要添加好友的二维码

进入扫描"扫二维码/条码/小程序码"页面，把手机摄像头对准要添加好友的二维码，系统会自动扫描并识别该二维码，如下图所示。

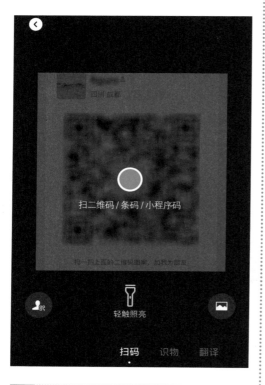

04 添加好友

扫描完成后，进入好友的"详细资料"页面，在该页面中点击"添加到通讯录"按钮，如下图所示。

05 发送好友验证申请

进入"申请添加朋友"页面，❶在"发送添加朋友申请"下方的文本框中输入能表明身份的信息，❷点击"发送"按钮，如右图所示。待好友通过验证申请后，即可与好友进行交流。

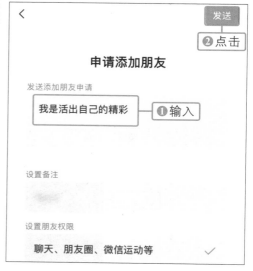

> 📋 **提示**
>
> 若他人要通过扫描二维码的方式添加自己为好友，可根据前面讲解的方法进入"个人信息"页面，打开"我的二维码"给他人扫描。

4.4　修改备注名和标签，准确辨别真好友

在使用微信的过程中，中老年朋友会发现很少有好友使用真实姓名，大多数好友使用的都是昵称。当好友更改昵称或微信头像后，就有可能分辨不出他们。因此，中老年朋友就需要为好友设置备注名和标签，从而方便自己快速、准确地辨别好友。

扫码看视频

01　选择好友

打开"微信"，❶点击"通讯录"按钮，❷点击要设置备注名和标签的好友，如下图所示。

02　点击"备注和标签"

进入好友的详细资料页面，点击该页面下方的"备注和标签"按钮，如下图所示。

03　设置备注信息

进入"设置备注和标签"页面，❶在"备注名"下方的文本框中输入备注名，❷点击"通过标签给联系人进行分类"按钮，如右图所示。

第4章

04 设置标签

进入"设置标签"页面，❶在该页面的文本框中输入标签名称，❷点击"确定"按钮，如右图所示。

05 保存备注信息

此时，系统会自动返回"设置备注和标签"页面，可看到备注名和标签的下方分别显示了设置的备注名和标签，点击"完成"按钮，如下图所示。

06 查看设置的备注名和标签

此时，系统会自动返回好友的详细资料页面，可看到好友头像后面显示了设置的备注名，标签后面显示了设置的标签，如下图所示。

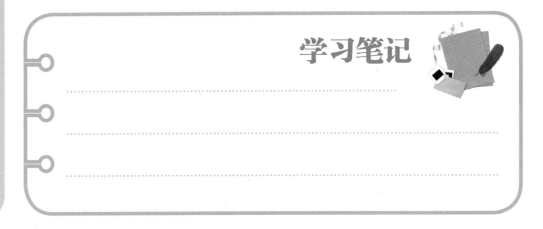

学习笔记

与微信好友进行交流互动

在完成了微信的下载、注册和相关设置后，中老年朋友就可以使用微信与好友进行交流和互动了。本章将详细讲解使用微信与好友进行交流和互动的方式，如文字聊天、实时通话、多人聊天以及资金往来、朋友圈互动等。

5.1　与好友进行交流

与好友进行交流是使用微信的主要目的之一。微信中的交流方式有多种，如文字聊天、语音聊天、实时通话等。下面笔者就对这些方式进行详细讲解。

5.1.1　文字交流最常用，简单快捷又直观

使用文字与好友聊天是微信中最常见的交流方式，中老年朋友可根据实际情况采用拼音输入法、手写输入法或五笔输入法等进行文字输入。下面以拼音输入法为例，讲解如何与好友进行文字聊天。

扫码看视频

01　点击文本框

打开"微信"，点击好友头像，进入与好友聊天的页面，然后点击该页面底部的文本框，如下图所示。

02　输入文字

❶弹出输入键盘后，在文本框中使用拼音输入法输入文字，❷点击"发送"按钮，如下图所示。

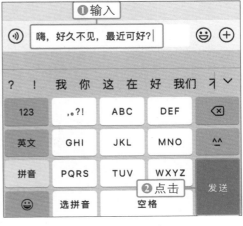

03　查看文字聊天记录

等好友回复消息后，可在与好友聊天的页面看到文字聊天记录，如右图所示。

5.1.2　文字输入不方便，语音消息来搞定

当中老年朋友觉得打字太慢或不方便时，可以发送语音消息与好友进行交流，具体操作如下。

扫码看视频

01　点击◉按钮

打开"微信"，点击好友头像，进入与好友聊天的页面，然后点击该页面左下角的◉按钮，如下图所示。

02　长按"按住说话"按钮

此时，可看到文本框转换为"按住说话"按钮，长按"按住说话"按钮，如下图所示。

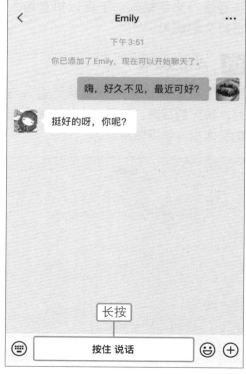

03　录制语音消息

弹出录音提示框后,即可对着手机说话,录制语音消息,如下图所示。

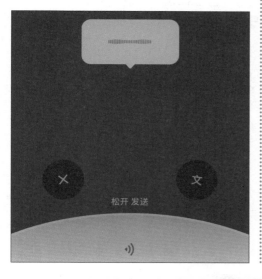

04　发送语音消息

语音消息录制完成后,松开手指,语音消息会自动发送,如下图所示。

提示

在步骤 03 中,若对录制的语音消息不满意,可将手指滑向●按钮,取消发送。

05　长按需撤回的语音消息

若想撤回已发送的语音消息,可长按要撤回的语音消息,如下图所示。

06　点击"撤回"按钮

在弹出的菜单中点击"撤回"按钮,如下图所示。

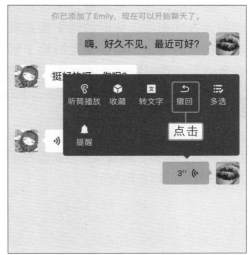

若要删除已发送的消息,可点击"删除"命令。删除消息与撤回消息的区别是,删除没有操作限制,随时都可以进行微信消息删除。删除消息后,发送方看不到已被删除的消息,但接收方仍然能看到已被发送方删除的消息。撤回有操作限制,在两分钟内可以进行微信消息撤回。撤回消息后,发送方和接收方都看不到已被撤回的消息。

07 点击"确定"命令

此时,系统会弹出提示框,提示用户是否要撤回该条消息,点击"确定"命令,如下图所示。

08 完成消息的撤回

返回与好友聊天的页面,可看到在该页面中显示"你撤回了一条消息",如下图所示。

5.1.3　距离多远都不怕,实时通话更亲近

实时通话包括视频通话和语音通话两种方式。与前面讲解的聊天方式相比,实时通话更加直观、亲切。中老年朋友与好友进行实时通话,可以更及时地了解他们的情况。下面以"语音通话"为例,讲解具体操作。

扫码看视频

01 点击⊕按钮

打开"微信",点击好友头像,进入与好友聊天的页面,然后点击该页面右下角的⊕按钮,如右图所示。

02 点击"视频通话"按钮

在展开的面板中点击"视频通话"按钮，如下图所示。

04 邀请好友进行语音聊天

此时会弹出"正在等待对方接受邀请"页面，可看到好友的头像、昵称及"静音""取消""免提"按钮，如右图所示。

> 📋 **提示**
>
> 实时通话包括"视频通话"和"语音通话"两种方式。用户可根据自己的需求选择合适的实时通话方式。

03 点击"语音通话"命令

在弹出的菜单中点击"语音通话"命令，如下图所示。

05	结束与好友语音聊天

好友接受邀请后，就可以开始语音通话，点击"挂断"按钮即可结束语音通话，如下图所示。

06	显示通话时长

结束语音通话后，返回好友聊天页面，在页面中会显示语音通话的时长，如下图所示。

提示

实时通话传输的数据量较大，如果使用手机的移动数据网络进行实时通话，可能会产生较多费用，因此，建议尽量使用 Wi-Fi 网络进行实时通话。

5.1.4 图片表情作用大，活跃氛围靠它俩

与好友交流时，给好友发送一张优美的图片或一个有趣的表情，能活跃聊天气氛，增进与好友之间的感情。

扫码看视频

1. 发送图片

01	点击⊕按钮

打开"微信"，点击好友头像，进入与好友聊天的页面，然后点击该页面右下角的⊕按钮，如右图所示。

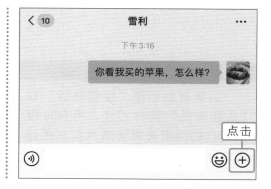

在展开的面板中点击"照片"按钮，如下图所示。

打开手机相册，❶从相册中选择要发送的图片，❷点击"发送"按钮，如下图所示。

此时，系统会自动返回与好友聊天的页面，可看到已发送的图片，如右图所示。

> 📋 **提示**
>
> 　　在步骤02中，也可在展开的面板中点击"拍摄"按钮，拍摄照片后发送给好友。
>
> 　　在步骤03中，一次性最多可以发送9张图片。

第 5 章

2. 发送表情

01 点击😊按钮

打开"微信",进入与好友聊天的页面,点击该页面右下角的😊按钮,如下图所示。

02 发送表情

❶在展开的表情库中点击要发送的表情,❷点击下方的"发送"按钮,如下图所示。

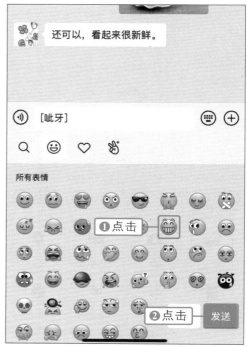

03 查看发送的表情

在与好友聊天的页面中,可看到已发送的表情,如右图所示。

📖 提示

步骤 02 中是以微信默认的表情为例,用户还可以在展开的表情库上方点击♡按钮或✌按钮,来选择发送收藏或自拍的表情。

5.1.5　你一言来我一语，微信群聊乐陶陶

　　在日常生活中，闲聊是大多数中老年朋友的娱乐活动之一，但是许多好友并不在身边，难以聚在一起聊天。此时，中老年朋友可以使用微信的群聊功能，建立一个微信群，将好友们拉在一起同时聊天。

01　点击⊕按钮

打开"微信"，进入"微信"页面，点击该页面右上角的⊕按钮，如下图所示。

02　点击"发起群聊"

在展开的列表中点击"发起群聊"按钮，如下图所示。

03　创建聊天群

进入"选择联系人"页面，❶选择好友，❷选择的好友会显示在页面上方，❸点击"完成"按钮，如下图所示。

04　点击⋯按钮

此时，系统会自动进入"群聊"页面，可看到聊天群中的人数为上一步骤中选择的好友数，点击页面右上角的⋯按钮，如下图所示。

第5章

05 点击"群聊名称"

进入"聊天信息"页面，点击页面中的"群聊名称"按钮，如下图所示。

06 输入群聊名称

进入"修改群聊名称"页面，点击文本框，输入微信群名称，点击"确定"按钮，如下图所示。

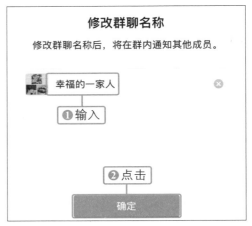

07 点击 ‹ 按钮

返回"聊天信息"页面，可看到修改后的群聊名称，点击 ‹ 按钮，如下图所示。

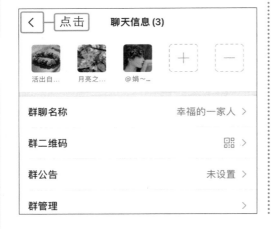

08 查看聊天群

返回"群聊"页面，页面上方会显示群聊名称，如下图所示。随后即可使用前面讲解的方法，通过发送文字、图片等与好友聊天。

> **提示**
>
> 　　创建微信群后，如果需要向微信群内添加人员，可以点击"聊天信息"页面中的 ➕ 按钮；如果想要删除微信群人员，则需要点击 ➖ 按钮。

与微信好友进行交流互动

5.2　与好友进行资金往来

　　微信的红包和转账功能是与好友拉近距离的重要功能之一，中老年朋友可以通过这些功能与好友进行资金往来。但需要注意的是，新注册的用户需要进行实名认证才能使用红包和转账功能。中老年朋友可以选择通过中国大陆身份证或添加所持银行卡进行验证，添加所持银行卡进行验证的具体操作详见 6.1。

5.2.1　给好友发送红包和转账

　　"微信红包"改变了人们的社交习惯，在春节以外的时间也会用"红包"来表达心意，在微信群里"抢红包"甚至成为风靡一时的活动。而"微信转账"功能则让好友之间通过手机就能轻松借款和还款。

扫码看视频

1．发送微信红包

01　点击"红包"按钮

打开"微信"，点击好友头像，进入与好友聊天的页面，❶点击该页面右下角的⊕按钮，❷在展开的面板中点击"红包"按钮，如下图所示。

02　发送红包

进入"发红包"页面，❶在"金额"文本框中的右侧输入金额，❷点击"塞钱进红包"按钮，如下图所示。

03　输入支付密码

弹出"请输入支付密码"对话框，在对话框中输入支付密码，如下图所示。

2. 给好友转账

01　点击⊕按钮

打开"微信"，点击好友头像，进入与好友聊天的页面，然后点击该页面右下角的⊕按钮，如下图所示。

04　查看已发送的红包

此时，系统会自动返回与好友聊天的页面，可看到已发送的红包，如下图所示。微信单个红包限额为 200 元。

02　点击"转账"按钮

在展开的面板中点击"转账"按钮，如下图所示。

03　给好友转账

进入转账页面，❶在"转账金额"下方的文本框中输入金额，❷点击"转账"按钮，如下图所示。

04　完成支付

在弹出的对话框中输入支付密码，然后进入"支付成功"页面，点击"完成"按钮，如下图所示。

05　查看转账

此时，系统会自动返回与好友聊天的页面，可看到给好友的转账，如右图所示。微信若未添加银行卡，可使用零钱资金进行转账，限额是单笔单日 200 元，收款方单笔单日 3000 元；若已添加银行卡，可使用银行卡资金进行转账，微信会根据银行规则为支付业务场景等设定不同金额的交易限额。

> **提示**
>
> 　如果转账金额较大或好友在微信上提出借钱，应通过打电话、微信实时通话（最好是视频聊天）等方式联系好友进行核实，以免被骗。

5.2.2 接收好友发送的红包和转账

　　红包和转账发出后，如果接收方在 24 小时内不接收，钱款就会被退回。所以，在好友发来红包或转账后，要及时进行接收。下面分别讲解具体的操作方法。

扫码看视频

1．接收微信红包

01	点击红包

打开"微信"，点击好友头像，进入与好友聊天的页面，然后点击好友发送的红包，如下图所示。

03	查看红包金额

进入红包详情页面,可看到红包的金额，点击该页面左上角的 < 按钮,如下图所示。

02	打开红包

在弹出的面板中点击"开"按钮，如下图所示。

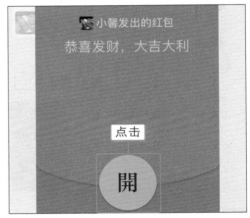

04	返回与好友聊天的页面

返回与好友聊天的页面，可看到领取了红包的提示，如下图所示。

2. 接收好友的转账

01 点击"转账给你"聊天记录

打开"微信"，点击好友头像，进入与好友聊天的页面，然后点击该页面中的"转账给你"聊天记录，如下图所示。

03 点击"收款"按钮

进入"待你收款"页面，点击页面中的"收款"按钮，如下图所示。

02 点击"确定"按钮

弹出"收到钱将存入哪里"对话框，点击对话框中的"确定"按钮；如下图所示。

04 点击 ‹ 按钮

进入"你已收款"页面，点击该页面左上角的 ‹ 按钮，如下图所示。

05 查看收到的转账

返回与好友聊天的页面,可看到"已收款"的聊天记录,如右图所示。

接红包啦!

> **提示**
>
> 微信中好友未确认收款的资金将按原路退回。若使用"零钱"进行转账付款,资金实时退回付款方的"零钱";若使用银行卡进行转账付款,则资金将在 1 ~ 3 个工作日退回付款方的银行卡。

5.3 与好友在朋友圈互动

随着朋友圈逐渐成为微信用户手机社交的主阵地,刷朋友圈、围观好友生活俨然成为人们的一种习惯,也成为日常生活中与朋友进行互动的一种方式。下面笔者就详细讲解如何在朋友圈与好友进行互动。

5.3.1 结识新友想了解,朋友圈里瞧一瞧

当中老年朋友想了解新添加的好友或某个好友最近的动态时,可以通过查看好友的朋友圈来实现,具体操作如下。

扫码看视频

01 点击"通讯录"按钮

打开"微信",点击"微信"页面中的"通讯录"按钮,如下图所示。

02 选择要查看相册的好友

进入"通讯录"页面,点击要查看其朋友圈的好友,如下图所示。

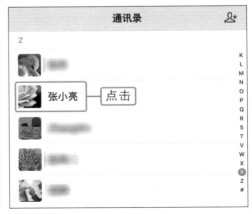

03 点击朋友圈

进入好友的详细资料页面，在该页面中点击"朋友圈"按钮，如下图所示。

04 查看好友的朋友圈

进入好友的朋友圈，可看到该好友朋友圈的最新动态，如下图所示。

5.3.2 朋友圈里互动多，点赞评论乐不停

　　点赞或评论好友的动态是在微信朋友圈中与好友互动最有效的方式。中老年朋友使用该方式与好友进行互动，能够扩大自己的社交范围，提高社交质量，具体操作如下。

01 点击"发现"按钮

打开"微信",点击"微信"页面中的"发现"按钮，如下图所示。

02 点击"朋友圈"

进入"发现"页面，点击页面中的"朋友圈"按钮，如下图所示。

03 点击 ·· 按钮

进入朋友圈页面，在该页面中点击某条好友动态内容下方的 ·· 按钮，如下图所示。

04 点击"赞"按钮

在展开的列表中点击"赞"按钮，如下图所示。

05 再次点击 ·· 按钮

此时，可看到好友动态的下方显示了心形图标和自己的昵称，再次点击 ·· 按钮，如下图所示。

06 点击"评论"按钮

在展开的列表中点击"评论"按钮，如下图所示。

07 输入评论内容

❶在弹出的文本框中输入要评论的内容，❷点击"发送"按钮，如下图所示。

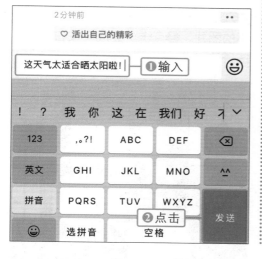

08 查看评论

此时，系统会自动收起输入键盘，在好友动态的下方可看到自己的昵称和上一步骤发送的评论内容，如下图所示。

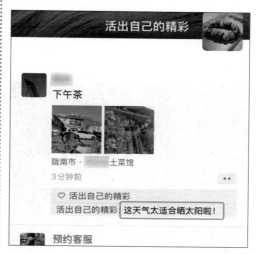

5.3.3 朋友圈里发动态，分享生活每一刻

在微信朋友圈中分享自己的动态，是一种记录人生美好时光的方式。中老年朋友可以在朋友圈中分享自己的动态来记录当下的所见所想，具体操作如下。

扫码看视频

01 点击"朋友圈"按钮

打开"微信"，❶点击"发现"按钮，❷点击"朋友圈"按钮，如下图所示。

02 点击 ◙ 按钮

进入朋友圈页面，点击该页面右上角的 ◙ 按钮，如下图所示。

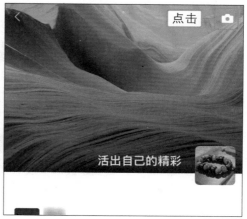

03　点击"从手机相册选择"命令

在弹出的菜单中点击"从手机相册选择"命令，如下图所示。

04　选择图片

进入手机相册，❶在相册中选择需要分享的图片，❷点击"完成"按钮，如下图所示。

与微信好友进行交流互动

05 输入并发表动态

进入编辑动态页面，❶在文本框中输入相应的文字，❷点击"发表"按钮，如下图所示。

06 查看已发表的动态

此时，系统会自动返回"朋友圈"页面，可看到上一步骤中分享的文字和图片，如下图所示。

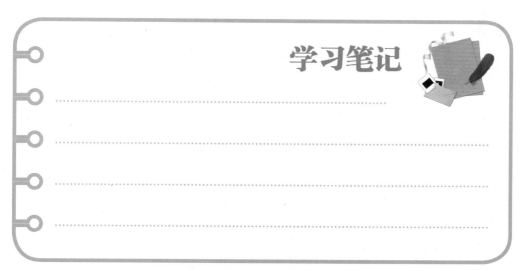

学习笔记

第6章

微信在日常生活中的应用

微信虽然是一个主要用于网络社交的平台，但在实际生活中，微信还有许多实用和便利的功能，如付款、话费充值、生活缴费、订酒店、订火车票和机票等。本章将详细讲解微信在日常生活中的典型应用。

6.1 想要支付和转账，先得绑定银行卡

现在很多地方都支持微信支付。微信支付以绑定银行卡为基础，让用户通过手机就能轻松完成支付流程，非常简单、便捷。当微信绑定银行卡后，需要注意不要点击来历不明的链接，以确保资金安全。下面将详细介绍如何在微信中绑定个人银行卡。

扫码看视频

01 点击"我"按钮

打开"微信"，点击"微信"页面右下角的"我"按钮，如下图所示。

02 点击"服务"按钮

在新的页面中点击"服务"按钮，如下图所示。

03　点击"钱包"按钮

进入"服务"页面,在该页面中点击"钱包"按钮,如下图所示。

05　点击"添加银行卡"

进入"银行卡"页面,在该页面中可看到目前还没有绑定任何银行卡。点击"添加银行卡"按钮,如下图所示。

04　点击"银行卡"

进入"钱包"页面,在该页面中点击"银行卡"按钮,如下图所示。

06　输入支付密码

进入"添加银行卡"页面,在页面中输入 6 位数的微信支付密码,以验证用户身份,如下图所示。

第6章

07　输入银行卡信息

进入"添加银行卡"页面，❶在该页面中输入持卡人姓名、卡号和手机号等，❷点击"下一步"按钮，如下图所示。

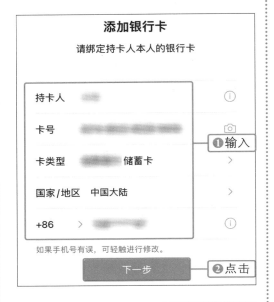

08　查看短信验证码

此时，手机会收到验证码短信，查看并记住收到的 6 位数验证码，如下图所示。

09　验证手机号

进入"验证银行预留手机号"页面，❶在"验证码"文本框中输入手机收到的 6 位数验证码，❷点击"下一步"按钮，如下图所示。

10　添加成功

进入"添加成功"页面，点击页面中的"完成"按钮，如下图所示。

11 查看添加的银行卡

进入"银行卡"页面，可看到新添加的银行卡，如右图所示。

> 📋 **提示**
>
> 　　点击绑定的银行卡，再点击新页面右上方的···按钮，在弹出的菜单中点击"解除绑定"按钮，即可解除绑定的银行卡。

6.2 "零钱"充值与提现，灵活理财有高招

　　在微信中收到的红包、转账都会自动存入"零钱"中。中老年朋友可以将"零钱"提现至银行卡，也可为"零钱"充值，用于发红包、转账及支付其他费用等。

6.2.1 "零钱"充值

　　中老年朋友可以使用微信绑定的银行卡向微信"零钱"充值，简单来说就是将银行卡中的钱转入微信的"零钱"钱包中。为了确保资金安全，每张银行卡向微信"零钱"账户充值的最高额度为单笔单日 5 万元。

扫码看视频

01 点击"我"按钮

打开"微信"，点击"微信"页面右下角的"我"按钮，如下图所示。

02 点击"服务"按钮

在新的页面中点击"服务"按钮，如下图所示。

03 点击"钱包"按钮

进入"服务"页面,在该页面中点击"钱包"按钮,如下图所示。

05 点击"充值"按钮

进入"我的零钱"页面,在该页面中点击"充值"按钮,如下图所示。

04 点击"零钱"按钮

进入"钱包"页面,在该页面中点击"零钱"按钮,如下图所示。

06 输入充值金额

进入"充值"页面,❶在"充值金额"下方的文本框中输入要充值的金额,❷点击"充值"按钮,如下图所示。

07　输入支付密码

弹出"请输入支付密码"对话框，在对话框中输入设置好的支付密码，如下图所示。

08　点击"完成"按钮

此时，系统会自动跳转至"充值成功"页面，在该页面中点击"完成"按钮，如下图所示，即可完成"零钱"充值。

6.2.2　"零钱"提现

中老年朋友可以将微信零钱之中的钱转入绑定的银行卡上。每位微信用户有累计 1000 元免费提现额度，超出 1000 元的部分就需要按银行费率收取手续费，费率均为 0.1%，每笔最少收 0.1 元。

01　点击"提现"按钮

打开"微信"，进入"我的零钱"页面，在该页面中点击"提现"按钮，如右图所示。

02 "零钱"提现

进入"零钱提现"页面，❶在"提现金额"下方的文本框中输入要提现的金额，❷点击"提现"按钮，如下图所示。

03 输入支付密码

在弹出的"请输入支付密码"对话框中输入之前设置好的 6 位数支付密码，如下图所示。

04 点击"完成"按钮

此时，系统会自动跳转至"零钱提现"页面，在该页面中点击"完成"按钮，如下图所示。

05 显示零钱余额

此时，系统将会返回到"我的零钱"页面，在该页面中能看到提现后的零钱余额，如下图所示。

若在微信中绑定了多张银行卡，可以在提现的时候选择将提现的钱转入指定的银行卡。

6.3 没带钱包别担心，微信支付超简单

在日常生活中，中老年朋友若遇到需要付款又没带钱包的情况，可以使用微信进行支付。而要使用微信支付，首先需要开启支付功能。

6.3.1 出示自己的付款码付款

中老年朋友外出购物时，可以直接向商家出示自己的微信付款码进行支付。这种付款方式一般针对商家有结账扫码枪的情况。出示付款码之后，扫码枪扫描后直接扣款。出于对付款人资金保护的考虑，微信支付的付款码是一分钟变动一次的，过期就无效。

扫码看视频

01 点击"服务"按钮

打开"微信"，❶点击"我"按钮，❷点击"服务"按钮，如下图所示。

02 点击"收付款"按钮

进入"服务"页面,在该页面中点击"收付款"按钮，如下图所示。

第6章

03 点击"立即开启"按钮

进入"收付款"页面，提示未开启付款功能。❶勾选用户协议，❷点击"立即开启"按钮，如下图所示。

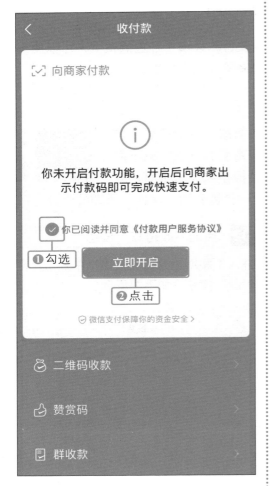

04 输入支付密码

进入"开启付款"页面，在该页面中输入之前设置好的 6 位数支付密码，如下图所示。

05 查看付款码

此时，系统会自动返回"收付款"页面。在该页面中将显示付款码，如下图所示。将付款码给商家扫描就可付款。

提示

步骤 03 中的提示内容只在首次使用"收付款"功能时显示。

6.3.2 扫描他人的收款码付款

如果收款方没有扫码枪，中老年朋友可以通过扫描对方的收款码进行付款。需要注意的是，扫描他人收款码付款时，要确认无误后再付款。

扫码看视频

01 点击⊕按钮

打开"微信"，点击"微信"页面右上角的⊕按钮，如下图所示。

02 点击"扫一扫"按钮

在展开的列表中点击"扫一扫"按钮，如下图所示。

03 扫描收款码

进入"二维码/条码"页面。将他人的收款码放置于扫描框内，系统会自动进行扫描，如下图所示。

04 付款给收款方

此时，系统会自动进入"付款"页面。❶在"金额"下方的文本框中输入付款金额，❷点击"付款"按钮，如下图所示。

第6章

05 输入支付密码

弹出"请输入支付密码"对话框,在对话框中输入设置好的 6 位数支付密码,如下图所示。

06 点击"完成"按钮

进入"支付成功"页面,在该页面中点击"完成"按钮,如下图所示。

07 查看微信支付凭证

进入"微信支付"页面,可查看微信支付凭证,如右图所示。

6.4 小程序选择多,生活服务更便捷

　　随着微信功能的增加,微信已不仅仅是一款聊天软件,它还提供了一些便民服务,如手机充值、生活缴费、看病挂号等。

6.4.1　为手机充值，省时又省力

　　对中老年朋友来说，去营业厅为手机充值总是一件费时费力的事情。现在微信推出的"手机充值"小程序，可以让中老年朋友不用跑营业厅就能快速为手机充值。

扫码看视频

01　点击"我"按钮

打开"微信"，点击"我"按钮，如下图所示。

02　点击"服务"按钮

在新的页面中点击"服务"按钮，如下图所示。

03　点击"手机充值"按钮

进入"服务"页面，在该页面中点击"手机充值"按钮，如下图所示。

04　进行手机充值

进入"手机充值"页面，❶输入要充值的手机号，❷按需点击充值金额，如下图所示。

第6章

05 输入支付密码

在弹出的"请输入支付密码"对话框中输入 6 位数支付密码,如下图所示。

06 点击"完成"按钮

此时,系统会自动进入"支付成功"页面,在该页面中点击"完成"按钮,如下图所示。

07 查看充值成功通知

进入"服务通知"页面,可查看手机充值详情,如右图所示。

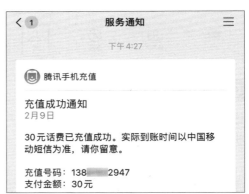

6.4.2 生活缴费,快捷方便又省时

中老年朋友使用微信中的"生活缴费"功能,可以随时随地轻松缴纳水、电、燃气等与生活相关的业务费用,以避免排队缴费的麻烦。

扫码看视频

01 点击"生活缴费"按钮

打开"微信",点击"我"按钮,再点击"服务"按钮,进入"服务"页面,然后点击"生活缴费"按钮,如右图所示。

02 点击"允许"按钮

在弹出的菜单中点击"允许"按钮,获取用户的位置信息以定位缴费单位,如下图所示。

03 点击"燃气费"按钮

进入"生活缴费"页面,在该页面中点击"燃气费"按钮,如下图所示。

04 选择缴费单位

进入"选择缴费单位"页面,根据实际情况选定并点击缴费单位,如下图所示。

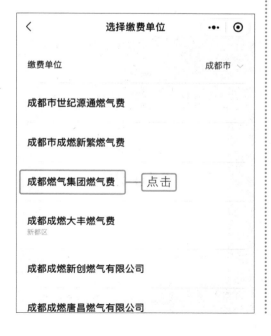

05 点击"缴费户号"

进入"新增缴费"页面,在该页面中点击"请输入缴费户号"按钮,如下图所示。

06 输入缴费户号

进入"输入缴费户号"页面，❶在"缴费户号"下方的文本框中输入要缴费的户号，❷点击"确认缴费编号"按钮，如下图所示。

08 输入缴费金额

进入"账单详情"页面，在页面中可看到该燃气卡账户的户名、户号及余额等。❶在"输入金额"下方的文本框中输入缴费金额，❷点击"立即缴费"按钮，如下图所示。

07 勾选缴费协议

返回"新增缴费"页面，❶勾选"我已阅读并同意《微信支付生活缴费服务协议》"复选框，❷点击"下一步"按钮，如下图所示。

09 输入支付密码

在弹出的"请输入支付密码"对话框中输入6位数支付密码，如下图所示。

微信在日常生活中的应用

10 点击"完成"按钮

此时，系统会自动进入"支付成功"页面，在该页面中点击"完成"按钮，如下图所示。

11 点击"完成"按钮

进入"缴费结果"页面，点击页面中的"完成"按钮，如下图所示。

12 查看缴费结果通知

进入"服务通知"页面，可查看缴费结果通知，如右图所示。

> **提示**
>
> 　在步骤 03 中，用户可根据实际情况点击"水费""电费"等。但是需要注意的就是，所在城市相关部门需要先开通网上缴费的渠道。

6.4.3 活动轨迹查询，健康码来帮帮忙

疫情期间，很多地方出入都需要扫描健康码。健康码是为疫情防控、信息追溯提供便利的一种特殊凭证。中老年朋友可通过健康码，轻松查询活动轨迹。

扫码看视频

01 点击"防疫健康码"按钮

打开"微信"，点击"我"按钮，再点击"服务"按钮，进入"服务"页面，然后点击"防疫健康码"按钮，如下图所示。

02 点击"防疫健康码"

进入"防疫健康码·健康申报证明"页面，点击页面中的"查看防疫健康码"按钮，如下图所示。

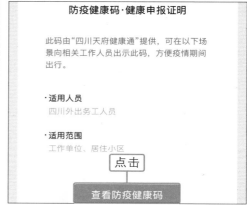

03 点击"出示我的健康码"

进入"四川天府健康通"小程序，点击"出示我的健康码"，如下图所示。

04 同意用户服务协议及隐私政策

进入"用户登录"页面，❶勾选复选框，❷在弹出的提示框中点击"同意"按钮，如下图所示。

05 点击"登录"按钮

返回"用户登录"页面，点击"登录"按钮，如下图所示。

06 点击"允许"按钮

弹出申请绑定手机号码的菜单，点击菜单中的"允许"按钮，如下图所示。

07 输入姓名和身份证号

进入"实名认证资料填写"页面，❶输入姓名和身份证号，❷勾选下方的复选框，如下图所示。

08 点击"开始认证"按钮

❶在弹出的提示框中点击"同意"按钮，❷然后点击"开始认证"按钮，如下图所示。

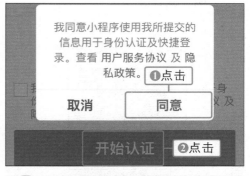

> **提示**
>
> 步骤 07 中点击页面右上角的 ••• 按钮，在弹出菜单中点击"添加到我的小程序"，可以将"四川天府健康通"小程序添加至我的小程序中。

09 | 点击"授权"按钮

进入"实名信息验证授权"页面，❶勾选用户授权协议前的复选框，❷点击"授权"按钮，如下图所示。

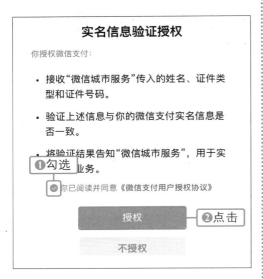

10 | 点击"确定"按钮

进入认证结果页面，点击页面中的"确定"按钮，如下图所示。

11 | 显示健康码

返回小程序首页，页面中会显示认证后的健康码，如下图所示。

12 | 点击"通信大数据行程卡"

向下滑动屏幕，点击"热门服务"中的"通信大数据行程卡"按钮，如下图所示。

13 点击"允许"按钮

弹出提示框，点击"允许"按钮，如下图所示。

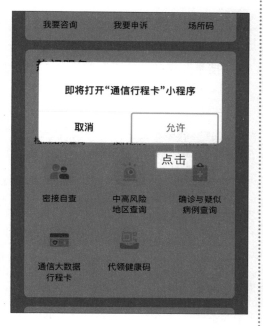

14 点击"查询"按钮

进入"通信行程卡"页面，❶勾选同意运营商查询信息的复选框，❷点击"查询"按钮，如下图所示。

15 显示查询结果

此时，系统将根据查询结果自动生成"通信大数据行程卡"，如右图所示。

📋 **提示**

> 每个省份的健康码系统会有一定的差别，需要根据各地的情况进行灵活处理。

6.4.4　医院预约挂号，简单搞定

微信推出的"医疗健康"小程序，提供了线上问诊、预约挂号、用药查询等功能，可以帮助中老年朋友解决挂号难、预约烦等问题。下面对"预约挂号"的操作进行详细讲解。

扫码看视频

01　点击"医疗健康"按钮

打开"微信"，点击"我"按钮，再点击"服务"按钮，进入"服务"页面。点击"生活服务"栏目中的"医疗健康"按钮，如下图所示。

02　点击"挂号"按钮

进入"腾讯健康"页面，在该页面中点击"挂号"按钮，如下图所示。

03　选择医院

进入"预约挂号"页面，在页面中选择要挂号的医院。这里点击"四川省第二中医医院"，如下图所示。

04　选择科室

进入"选择科室"页面，选择要挂号的科室。这里点击"皮肤科"，如下图所示。

05 选择医生

进入"选择医生"页面。页面中显示了所选科室的所有医生，点击要挂号的医生，如下图所示。

06 选择预约日期

进入"医生详情"页面。❶在该页面中点击"预约挂号"按钮，❷点击要挂号的日期，如下图所示。

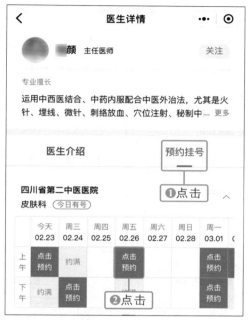

07 选择预约时段

弹出"请选择预约时间段"菜单，在该菜单中点击要预约的时间段"08：00 至 11：59"，如下图所示。

08 点击"就诊人"

进入"确认预约"页面。在该页面中点击"就诊人"按钮，如下图所示。

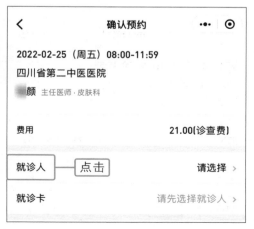

09 添加就诊人信息

进入"添加家庭成员"页面。❶在页面中输入姓名、身份证号等信息，❷点击"确认添加"按钮，如下图所示。

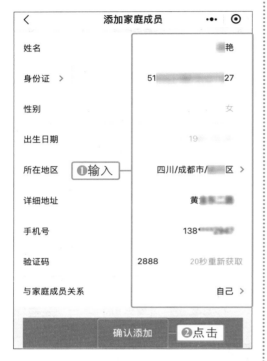

10 点击"确认添加"按钮

弹出"添加确认"对话框，点击"确认添加"按钮，如下图所示。

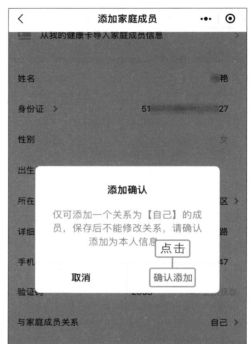

11 选择"就诊卡"

系统自动返回"确认预约"页面，点击页面中的"就诊卡"按钮，如下图所示。

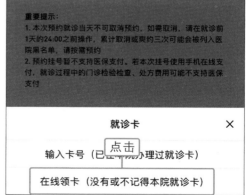

12 点击"在线领卡"

弹出"就诊卡"菜单，点击"在线领卡（没有或不记得本院就诊卡）"选项，如下图所示。

13 点击"确认预约"按钮

返回"确认预约"页面，点击"确认预约"按钮，如下图所示。

15 查看预约结果

此时，系统自动进入"预约结果"页面，显示预约的结果，如右图所示。

> 提示
>
> 如果已在医院办理过就诊卡，则在步骤12中点击"输入卡号（已在本院办理过就诊卡）"选项，接着在弹出的"请输入就诊卡号"菜单中输入已办理的就诊卡卡号。若未办理就诊卡，则需要在线申办就诊卡，并且就诊卡要与个人信息一致。

14 输入支付密码

在弹出的"请输入支付密码"对话框中输入6位数支付密码，如下图所示。

6.4.5 滴滴出行，出门不难打车

"滴滴出行"是现在人们出行的一种新选择：一键叫车，上门接驾。这免去了中老年朋友在路边拦车、等车的麻烦，既省心又省事。下面介绍在微信中使用"滴滴出行"小程序的具体操作方法。

扫码看视频

01 点击"滴滴出行"按钮

打开"微信",点击"我"按钮,再点击"服务"按钮,进入"服务"页面。然后点击"交通出行"栏目中的"滴滴出行"按钮,如下图所示。

02 点击"输入您的目的地"

进入"滴滴出行"小程序,这里将自动定位位置信息。点击下方的"输入您的目的地"按钮,如下图所示。

03 获取用户授权

弹出新页面,❶勾选同意服务协议和处理规则前的复选框,❷点击"微信用户一键登录"按钮,如下图所示。

04 绑定手机号码

在弹出的"滴滴出行 申请"菜单中,点击"允许"按钮,绑定手机号码,如下图所示。

05 点击"输入您的目的地"

返回打车页面，再次点击页面下方的"输入您的目的地"按钮，如下图所示。

06 输入目的地

打开新页面，❶在页面中输入目的地，❷点击具体的位置信息，如下图所示。

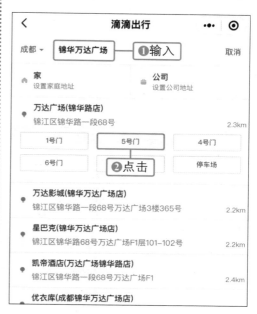

07 点击"确认呼叫快车"按钮

返回打车页面，选择打车类型：❶点击"快车"，❷点击"确认呼叫快车"按钮，如下图所示。

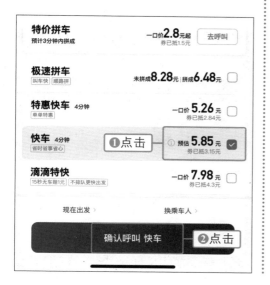

08 等待应答

进入"等待应答"页面，等待司机接单，如下图所示。

09　等待接驾

当司机接单后，系统自动进入"等待接驾"页面，页面中将显示车型、车牌号等信息，如右图所示。

> **📑 提示**
>
> 　　行程结束后，在手机上，系统会发起付款请求。中老年朋友需要确认车费后再选择付款方式进行付款。

6.4.6　买买买，购物也可以很愉快

　　微信中提供了多个购物小程序，如我们熟悉的京东、拼多多、唯品会等。中老年朋友即使不下载各类购物 App 也能轻松实现网上购物。

扫码看视频

01　点击"京东购物"按钮

打开"微信"，点击"我"按钮，再点击"服务"按钮，进入"服务"页面。然后点击"京东购物"按钮，如下图所示。

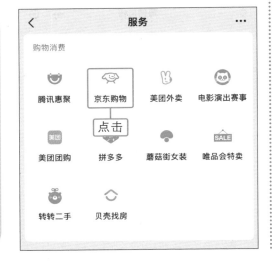

02　点击搜索栏

进入"京东购物"小程序，点击搜索栏，如下图所示。

03 输入并搜索商品

❶在搜索栏中输入要购买的商品关键词，❷点击"搜索"按钮，如下图所示。

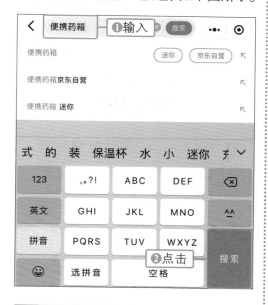

04 点击搜索到的商品

页面中列出搜索到的相关商品，点击其中一种商品，如下图所示。

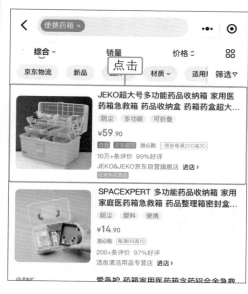

05 点击"立即购买"按钮

进入商品详情页面，查看商品详细信息，确认是自己需要的商品后，点击"立即购买"按钮，如下图所示。

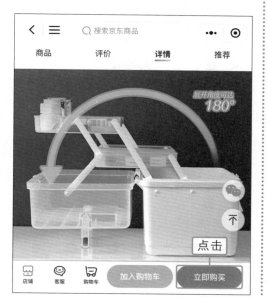

06 点击"确认"按钮

在弹出的菜单中显示了商品型号等信息。根据实际需求选择合适的型号和数量，点击"确认"按钮，如下图所示。

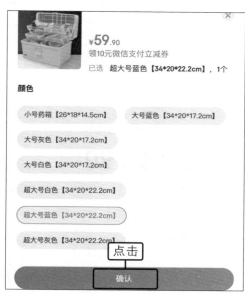

07 点击"自己付"按钮

进入"确认订单"页面,显示订单信息。这里需要注意收货地址是否正确,然后点击"自己付"按钮,如下图所示。

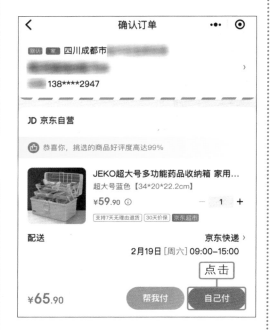

08 输入支付密码

在弹出的"请输入支付密码"对话框中输入 6 位数支付密码,如下图所示。

09 点击"完成"按钮

进入"支付成功"页面,在该页面中点击"完成"按钮,如下图所示。

10 显示购买成功

此时,系统自动进入"购买完成"页面,页面中显示支付成功信息,如下图所示。

6.4.7　身份识别，电子证件太方便

　　中老年朋友常常需要使用医保卡就医购药，为了免去忘带卡的麻烦，可以在微信中领取医保电子凭证，刷脸认证后绑定医保卡。这样就可以直接刷医保二维码来支付就医购药费用，简单又便捷。

扫码看视频

01　点击"服务"按钮

打开"微信"，点击"我"按钮，再点击"服务"按钮，如下图所示。

02　点击"城市服务"按钮

进入"服务"页面，在该页面中点击"城市服务"按钮，如下图所示。

03　点击"证件"

进入到"微信城市服务"页面，在页面中点击"证件"按钮，如下图所示。

04　点击"绑定证件"

进入到"证件夹"页面，在页面中点击"＋绑定证件"按钮，如下图所示。

05 点击"医保电子凭证"

进入"选择证件"页面，点击"医保电子凭证"按钮，如下图所示。

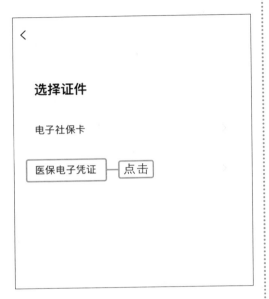

06 点击"去激活"按钮

进入"医保电子凭证"页面，点击页面中的"去激活"按钮，如下图所示。

07 输入支付密码

进入"身份验证"页面，在页面中输入6位支付密码，确认为本人操作，如下图所示。

08 点击"授权激活"按钮

此时，系统自动返回"授权以下信息，激活医保电子凭证"页面，点击页面中的"授权激活"按钮，如下图所示。

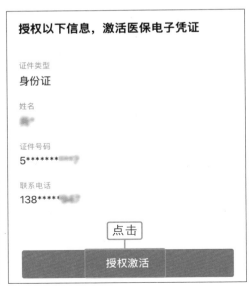

微信在日常生活中的应用

09 点击"下一步"按钮

进入"医保支付申请使用"页面，❶勾选用户协议前方的复选框，❷点击"下一步"按钮，如下图所示。

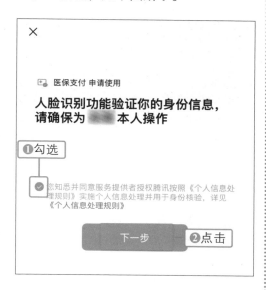

11 点击"医保电子凭证"

识别成功后，系统自动返回"证件夹"页面。点击已激活的"医保电子凭证"按钮，如下图所示。

10 进行人脸识别

开始进行人脸识别，参照页面中的提示进行操作，如下图所示。

12 点击"立即使用"按钮

进入"医保电子凭证"页面，点击"立即使用"按钮，如下图所示。

第6章

13 显示条形码和二维码

此时，在新的页面中会显示可用于身份凭证、医保支付的条形码和二维码，如下图所示。

14 点击"添加到我的小程序"

为方便使用，可将医保凭证添加到小程序中。点击右上角的•••按钮，然后点击"添加到我的小程序"按钮，如下图所示。

15 点击"我的小程序"

点击"发现"按钮，再点击"小程序"按钮，进入"小程序"页面。点击"我的小程序"，如下图所示。

16 点击"我的医保凭证"

进入"我的小程序"页面，在页面中点击已添加的"我的医保凭证"小程序，如下图所示。

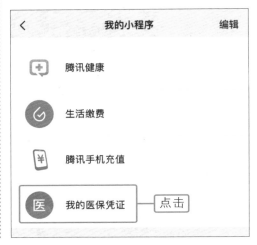

17 点击"刷医保"按钮

进入"我的医保凭证"页面，在页面中点击"刷医保"按钮，如右图所示，即可进入"医保电子凭证"页面，刷二维码进行支付。

6.5 多应用，智能生活享不停

微信除了拥有很多便捷的小程序外，还提供了微信公众号和微信视频号。其中微信公众号能帮助中老年朋友获取更多有用的信息；微信视频号发布的各类短视频能让中老年朋友在打发闲暇时间时有更多的选择。

6.5.1 微信公众号，信息时代新玩法

目前，很多公司或个人都创建了自己的公众号，用于企业或个人的产品与服务的宣传。中老年朋友可以适当关注一些对自己比较有用的公众号。在关注公众号时，要注意分辨虚假信息，夸张宣传的公众号广告不可轻信。

扫码看视频

第6章

01 点击"添加朋友"

打开"微信"，❶点击"微信"页面右上角的⊕按钮，❷在展开的列表中点击"添加朋友"按钮，如下图所示。

02 点击"公众号"

进入"添加朋友"页面，点击页面中的"公众号"按钮，如下图所示。

03　输入并搜索公众号

点击页面上方的搜索框，❶输入微信公众号的关键词，❷点击"搜索"按钮，如下图所示。

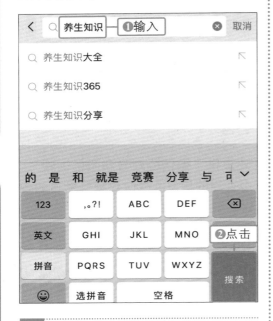

04　点击公众号

在搜索到的公众号列表中点击合适的公众号，如下图所示。

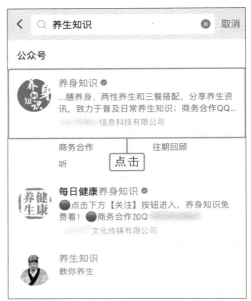

05　点击"关注"按钮

进入公众号详情页面，在页面可以看到公众号的介绍和最近推送的信息。点击"关注"按钮，如下图所示。

06　点击"往期回顾"

此时，系统将自动打开公众号的信息推送页面。点击页面下方的"往期回顾"按钮，如下图所示，就可查看公众号的历史消息。

07 点击信息

进入新页面，在页面中会显示公众号推送过的信息，点击其中一条信息，如下图所示。

08 点击…按钮

进入到信息详情页面，可通过滑动屏幕查看详细内容。如果觉得内容不错，点击右上角的…按钮，如下图所示。

09 点击"分享到朋友圈"

在弹出的菜单中点击"分享到朋友圈"按钮，如下图所示。

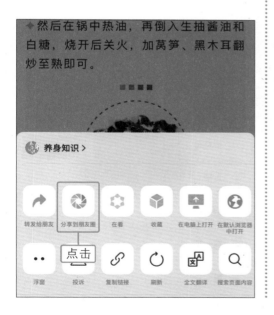

10 点击"发表"按钮

进入编辑动态页面，❶在文本框中输入文字内容，❷点击右上角的"发表"按钮，如下图所示。

11 显示分享的内容

此时，进入到"朋友圈"页面时，就可以看到分享到朋友圈中的文章链接，如右图所示。其他好友点击这个链接就可以看到详细的内容。

📋 提示

在看到一篇文章时，如果被它的内容吸引，可以直接在文章页面中找到其公众号。

在文章的顶部会有文章标题，标题下面有发表的日期以及一串蓝色的文字，这串蓝色文字就是公众号名称。点击它，就会进入公众号的详情页面。在页面中点击"关注"按钮即可添加该公众号。

6.5.2 微信视频号，发现更广阔的世界

微信视频号主要用来观看短视频。中老年朋友可以通过微信视频号看到很多优质的短视频，并且可以对这些短视频进行点赞、评论等。

扫码看视频

01 点击"发现"

打开"微信"，点击"微信"页面中的"发现"按钮，如下图所示。

02 点击"视频号"

进入"发现"页面，点击页面中的"视频号"按钮，如下图所示。

03 播放短视频

进入视频号页面，页面上会自动播放推荐的视频，如下图所示。

05 点击"评论"按钮

此时，可看到短视频左下方会显示自己已赞过，点击短视频下方的"评论"按钮，可对视频进行评论，如下图所示。

04 点击"点赞"按钮

点击短视频下方的"点赞"按钮，如下图所示。

06 点击文本框

在弹出评论列表后，可看到其他用户的评论。点击自己头像旁边的文本框，如下图所示。

07 输入并发送评论

❶在文本框中输入要评论的内容，❷点击"发送"按钮，如下图所示。

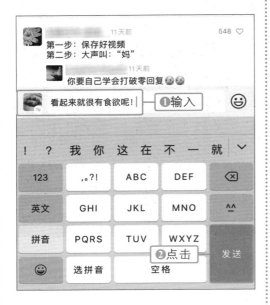

08 点击 ˅ 按钮

此时，在评论列表中可以看到自己的昵称和上一步骤发送的评论内容。点击 ˅ 按钮，如下图所示。

09 点击"分享"按钮

返回短视频页面，我们还可以将这个视频发送给朋友或分享到朋友圈。点击 ➦ 按钮，如下图所示。

10 点击"发送给朋友"

在弹出的菜单中点击"发送给朋友"按钮，如下图所示。

11 点击"创建新的聊天"

进入"选择一个聊天"页面，点击页面中的"创建新的聊天"按钮，如下图所示。

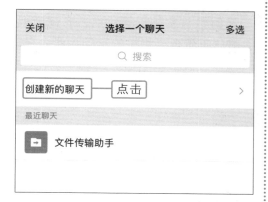

> **提示**
>
> 　　如果觉得用户发布的短视频内容不错，可以点击用户名右侧的"关注"按钮，以持续关注该用户发布的短视频。

13 点击"发送"按钮

弹出"发送给"对话框，点击对话框中的"发送"按钮，如下图所示。

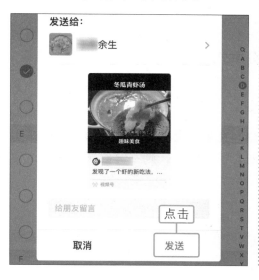

12 选择联系人

进入"选择联系人"页面，❶点击选择要发送短视频的好友，❷点击"完成"按钮，如下图所示。

14 显示发送的短视频

进入与好友聊天的界面，可以看到自己发送给朋友的短视频，如下图所示。

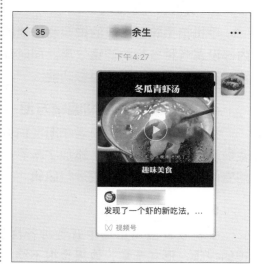

第7章 拍视频：快速入门一点通

随着智能手机的普及，手机的拍摄功能使用频率越来越高。手机摄影因为具有便携性、及时性与实用性等优点，有逐渐取代数码相机拍摄的趋势。下面从手机自带相机的基础功能入手，介绍手机拍摄的基础知识。

7.1 手机拍摄的利与弊

如今，智能手机基本已经是人手一部，手机拍摄也逐渐成为一种常见的拍摄方式。对于爱好摄影的中老年朋友来说，认清手机拍摄的利与弊，将会有助于以更好的方式进行拍摄，拍出令自己满意的好视频。

7.1.1 手机拍摄的优势

1. 便于携带

手机比较小巧，便于随身携带，可以满足中老年朋友随走随拍的需求。

2. 操作简单

手机拍摄非常简单，只需要打开手机，轻轻点击按钮就能拍出一段视频来，避免了相机烦琐的拍摄设置。

3. 拍照功能强大

手机拍摄除了一般的拍照和便捷的自拍功能之外，还可以直接在自带相机内部设置各种各样的滤镜效果。同时部分手机还具有 HDR 摄影、慢动作摄影、延时摄影等多种强大的摄影功能。

4. 操作简单，后期编辑方便

视频拍摄好之后，中老年朋友们可立即在手机上对视频进行后期编辑，如裁剪视频、为视频配音、添加字幕等。如无特殊要求，则不需要再在电脑上使用专门的剪辑软件对视频进行编辑。

5. App软件丰富

手机软件应用市场中有各种各样的视频剪辑 App，使用它们所拍摄或处理的视频，形式丰富，效果也很不错。

6. 续航能力强

手机充电方便，不管是使用充电器还是充电宝，都能很方便地为手机续航。

7.1.2 手机拍摄的劣势

相比于数码单反相机而言，手机在成像质量上稍显不足，特别是在暗光环境下拍摄时。手机无法更换镜头，因此欠缺一定的专业性。不过对于一般日常生活摄影来说，手机完全能够满足中老年朋友们的拍摄需求。下面针对同一场景，分别使用数码单反相机和手机进行拍摄，通过比较可以发现，二者在视觉效果上的差别并不大，如下图所示。

不过把数码单反相机拍摄的画面放大后就能明显看出其比手机拍摄的画面更加清晰和细腻，如右图所示。

7.2 拍摄配件要常备

手机拍摄的便利性不仅仅体现在拍摄本身，还体现在手机的一些小配件上。中老年朋友们在日常摄影中，可以将相关的小配件随身携带，如充电宝、手机U盘等，以备不时之需。

7.2.1 充电宝需随身带

在使用手机拍摄时常备充电宝，能让中老年朋友的手机电量随时保持在充足状态。市场上的充电宝种类很多，中老年朋友在选购时，可将小巧和蓄电容量大作为选择依据，选择正规厂家生产、合适耐用的充电宝。一般充电宝蓄电容量都在 10000~20000mAh 之间，在充电宝满格的情况下，它可以为低电量的手机充满 3~5 次电。另外还需注意的是，手机的充电线也要常备，这样不管拍摄与否，都能保证出行时有工具可为手机充电。

7.2.2 自拍杆，人远像更美

自拍是手机摄影中非常重要的一个功能，但是自拍的时候常常遇到一个问题就是因为手臂长度不够，导致自拍的距离也相对较近、取景范围小，画面的构图效果不佳。所以对于喜欢自拍的中老年朋友来说，应该配备一根自拍杆，这样有助于拉长拍摄距离、扩大自拍范围，从而将更多的朋友、更大范围的场景纳入拍摄画面中。同时，自拍杆还能稳定手机，调整手机拍摄方向，让照片中的你想怎么美就怎么美。现在大多数的自拍杆设计都比较精美和小巧（如下图所示），随身携带也不会占地方。

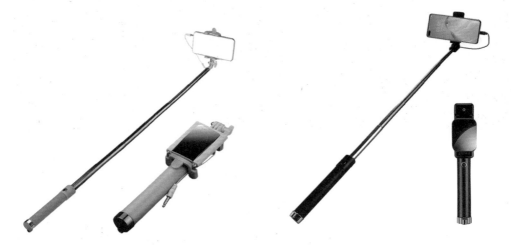

📋 **提示**

目前，市面上的自拍杆主要分为线控自拍杆、蓝牙自拍杆和线控与蓝牙二合一自拍杆。这三种类型的自拍杆各有各的好处。比如蓝牙自拍杆一般兼容性好，但是需要充电，而且还要连接蓝牙；而线控自拍杆则不用充电，但相对蓝牙自拍杆兼容性会差一点儿。中老年朋友在拍摄短视频时，可以根据自身情况选择适合自己的自拍杆。

7.3　拍摄基础学一学

　　虽然手机应用市场中囊括数量繁多的摄影类 App，但手机自带的相机功能也并不逊色，事实上手机自带的相机拥有很多简单又实用的功能。本节将为各位中老年朋友介绍如何使用手机自带的相机功能，从而帮助中老年朋友初步解锁自己手机中的摄影秘密。

7.3.1　点按钮，轻松拍视频

　　拍出一段视频一点也不难，点一点手机相机功能的录制按钮就可以了。但是因为有些中老年朋友可能还没有接触过智能手机，还不知道应该怎么去拍摄，所以下面为大家讲解一下使用智能手机拍摄的基本步骤。

扫码看视频

01　点击"相机"图标

打开手机，点击桌面上的相机图标📷，如下图所示。

03　点击录制按钮

进入视频录制界面，点击下方红色的录制按钮，录制视频，如右图所示。

02　点击"视频"

打开相机，进入拍摄界面，点击界面中的"视频"按钮，如下图所示。

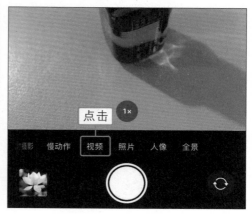

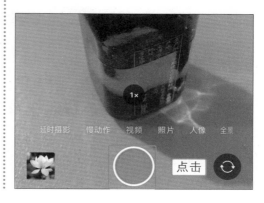

此时，红色圆形会变为圆角矩形，并在画面上方显示录制视频的时长。录制完成后，再次点击界面中的按钮，如下图所示。

此时，系统自动将录制的视频存储到手机相册中，并在页面左下角的位置显示视频预览图，如下图所示。

提示

　　视频录制好后，点击左下角的视频预览图，将进入视频预览界面。在此界面中将自动播放录制好的视频。

7.3.2　视频要清晰，对焦很重要

　　保持清晰是拍摄的基本要求，这主要靠对焦来实现。现在的智能手机都具备自动对焦的功能，使用起来也很简单。但是在一些特殊场景，比如环境光线很暗或者背景颜色和拍摄主体

扫码看视频

拍视频：快速入门一点通

颜色过于接近的时候，手机无法分辨出对焦的主体，可能无法实现自动对焦或者对焦的速度比较慢。这时候中老年朋友应该尝试点击手机屏幕中不同的位置改变对焦点，并选择最合适的对焦点进行视频的录制。接下来我们对手机自带相机中的对焦功能进行具体讲解。

01 点击"视频"

打开相机，点击"视频"按钮，进入视频录制界面，此时可以看到画面中出现一个黄色的对焦框，如下图所示。

02 点击屏幕

将镜头对准需要取景拍摄的地方，然后点击画面中的主体，进行手动对焦，如下图所示。

03 点击录制按钮

点击录制按钮，拍摄视频，如右图所示。录制视频的时候，还可以用手指轻触画面中的对象，以改变对焦点。

> **提示**
>
> 如果想要将焦点始终固定在一个位置，可以在将焦点调整到理想状态后按住焦点位置不放。在画面中的蓝色细框闪烁两次后松开，此时画面中会出现"自动曝光/自动对焦锁定"字样，表示已锁定对焦。

7.3.3　设曝光，获取更多画面细节

扫码看视频

拍摄环境中的光线强度会直接影响画面的亮度与被摄主体的细节展示效果，因此，在拍摄照片时，中老年朋友可以根据拍摄环境中的光线条件，设置手机相机的曝光值，以获取不同的画面效果。大多数手机是无法调节手机相机的快门速度和光圈大小的，但是可以调节曝光补偿。

曝光补偿一般在 ±3.0EV 之间，EV 值每增加 1.0，相当于摄入的光线量增加一倍；EV 值每减小 1.0，相当于摄入的光线量减少一半。

如下左图和下右图所示，曝光值分别为 0EV 和 +1.0EV，对比两张照片的亮度效果可以看出，增强曝光值更能体现户外的光照效果。

下面是使用曝光补偿应该注意的几个问题。

（1）如果画面中出现大面积白色或高亮度浅色时，自动测光所还原出来的画面会偏灰色一些，因此需要正补偿，补偿为 +1.0EV~+2.0EV。下左图曝光补偿为 +1EV 时拍摄效果，下右图曝光补偿为 0EV 时拍摄效果。反之，如果画面中有大面积黑色或者深色则需要负补偿。

>>曝光值为+1EV

>>曝光值为0EV

（2）光线的方向、位置不同时需要使用不同的曝光补偿。若是拍摄照片处于逆光且要表现主体细节时就需要增加曝光补偿。

如右图所示为逆光拍摄的人像照片。由于需要在画面中体现人物细节，于是拍摄者设置曝光值为 +0.2EV 进行拍摄，人物脸部细节清晰可见，同时又丰富了画面的层次，色彩饱和度较好。

下面教大家如何使用手机相机中的曝光补偿功能。使用手机调整画面曝光时，如果在零曝光补偿条件下，出现画面过暗的情况，则需要增加曝光补偿；反之，如果出现画面过亮的情况，则需要减少曝光补偿。

01	点击屏幕

打开相机，❶点击"视频"按钮，进入视频录制界面，❷在屏幕任意位置点击，屏幕中出现对焦框并自动进行曝光设置，如下图所示。

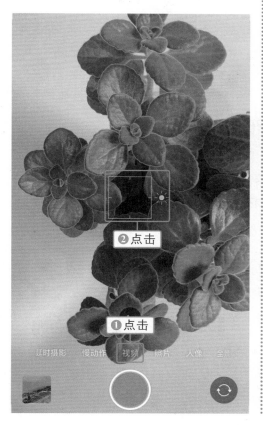

02	点击太阳图标

若要手动调整曝光，点击对焦框旁边的小太阳图标，会出现一条竖线，可以选择往上移动或者往下移动，如下图所示。

03 向下拖动图标

向下拖动小太阳图标，降低曝光度，画面变暗，如下图所示。

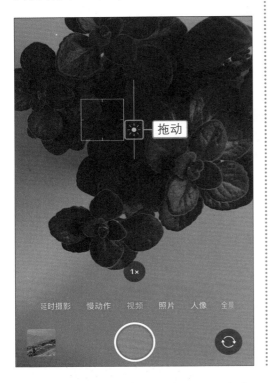

04 向上拖动图标

向上拖动小太阳图标，增加曝光度，画面变亮，如下图所示。

7.3.4 构图需借网格线，画面布局水准高

手机相机中有一个"网格"功能，它能在取景框的横竖方向上各提供两条平行等分的参考线，来帮助用户完成画面构图。中老年朋友在学习拍摄短视频时，就可以打开手机相机中的"网格"功能，从而拍出更高水准的视频。

扫码看视频

01 点击"设置"图标

打开手机，在手机桌面找到并点击"设置"图标，如右图所示。

点击

> 📋 **提示**
>
> 安卓手机的"相机 > 设置"中有"参考线"选项，点击"参考线"按钮，即可打开参考线。

02 点击"相机"

进入"设置"页面，点击页面中的"相机"按钮，如下图所示。

03 点击"开启"按钮

进入"相机"页面，可看到"网格"右侧的按钮呈灰色，即关闭状态，点击该按钮，如下图所示。

04 开启网格

此时，可以看到"网格"右侧的按钮变为绿色，即开启状态，如下图所示。

05 显示网格效果

返回视频录制界面，可以看见在取景框横竖方向上各多出两条平行等分线，如下图所示。录制视频时，可以将被摄主体放置在等分线的交叉点上。

7.3.5　画幅比例随意换，横拍竖拍景不同

　　画幅比例会对视频的画面效果产生一定影响。哪种情况应该用哪种画幅比例、是用竖屏拍摄还是横屏拍摄，都是中老年朋友在使用手机拍摄视频时应注意的问题。竖屏拍摄适合拍摄宽度较窄且较高的对象，如人物、高耸的建筑等；横屏拍摄在水平方向上所容纳的范围更广，适合如大海、草原等需要展现其广阔的对象。下面我们在相同画幅、同一被摄物体的前提下来看看竖拍和横拍的画面效果。

扫码看视频

| 01 | 竖屏录制视频 |

将手机竖拿，确定取景框中的画面，并点击下方的录制按钮，录制视频，如下图所示。

| 02 | 查看录制效果 |

查看竖屏拍摄的效果，如下图所示。被摄物体在整个视频画面中展示面积较大，但水平方向上所容纳的被摄物体范围较窄。

将手机横拿，确定取景框中的画面，点击右侧的录制按钮，录制视频，如下图所示。

查看横屏拍摄效果，如下图所示。被摄物体在整个视频画面中展示面积较小，但在水平方向上容纳了更多的内容。

学习笔记

第8章 学拍摄：短视频也有大创意

虽然很多中老年朋友都会拍摄短视频，但是如果想要让拍摄的视频画面更出彩，掌握一定的拍摄技巧是必不可少的。本章将详细介绍一些手机拍摄短视频的技巧，以指导中老年朋友轻松完成更高品质的短视频拍摄。

8.1 手机拍摄视频技巧

中老年朋友使用手机拍摄短视频时，想要获得较好的画面效果，就需要利用各种角度、光线去拍摄，以保证视频画面的美观性和清晰度。拍摄一段短视频，即使被摄主体选得再好，如果没有合适的角度、光线、运镜方法，拍摄出来的视频也会略显平淡。本节将介绍一些拍摄短视频的技巧，可以让中老年朋友拍摄出来的短视频与众不同。

8.1.1 镜头的角度：平视、斜视、仰视和俯视

不同的视角可以表现出不同的意境，中老年朋友在使用手机拍摄短视频时是需要重点掌握的。短视频的拍摄视角大致分为平视、斜视、仰视和俯视4种。

1. 平视

平视就是镜头与被摄物体处在同一水平线上。平拍是最常用的视频拍摄角度，因为平视角度非常符合观众的视觉习惯，画面也显得更加稳定。

平视拍摄时要根据拍摄者的高度合理升降我们的镜头。比如拍摄小孩就要蹲在地上，拍摄小狗就需要趴在地上。如下图所示的这个视频画面就是平视拍摄的效果。

2．斜视

斜视镜头是指从被摄物体的斜面进行拍摄，是一种介于正面和侧面之间的拍摄角度。我们可以在一个画面内同时表现两个或多个对象的侧面，给人以鲜明的立体感。如右图所示的这个视频画面即为斜视拍摄。

3．仰视

仰视，顾名思义就是镜头低于被摄者。仰视拍摄可以让镜头中的被摄对象显得更加高大、威武。所以仰视拍摄一般用于人物、动物、高楼、大树的拍摄，以突出其高大的形象。下图所示的视频画面即为仰拍的效果。

4．俯视

俯视是指镜头高于被摄物体，镜头朝下。一般用于大场景，如果是拍摄风景则会给人一种辽阔、宽广的视角感受；如果是拍摄人物，则会降低被摄者的气势，让观众产生优越感。下图所示的视频画面即为俯拍的效果。

8.1.2　合理运用光线，保证细腻画质

　　光线的运用直接关系到最后的拍摄效果。按照照射角度的不同，光线大致上可以分为顺光、侧光、逆光、顶光和底光等，如下图所示。

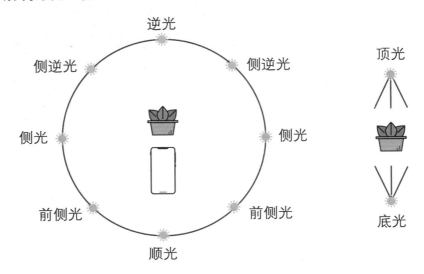

　　光线的角度不同，其产生的画面效果也不同。很多中老年朋友可能不清楚如何利用光线来拍摄，下面就介绍几种拍摄短视频时比较常用的光线角度以及拍摄技巧。

1．顺光

　　顺光也叫"正面光"，是指光源的照射方向和拍摄方向一致。在顺光拍摄时，被摄物体的阴影会被其本身挡住，影调柔和。因为顺光影调柔和、均匀，所以在拍摄视频时，顺光前景与背景亮度一致，这使得在顺光下拍摄时，很容易曝光准确。下图所示的视频画面即为顺光拍摄。

2．侧光

　　侧光是指光源的照射方向与手机拍摄方向呈 90 度夹角状态。因为光源在被摄物体的左侧或右侧，所以被摄物体受光源照射的一面非常明亮，而另一面则比较暗，画面整体层次感较强。拍摄风景视频时，可以充分利用侧光，使主体和阴影相互呼应。下图所示的视频画面即为侧光拍摄。

3. 逆光

逆光是指光线的照射方向与镜头的拍摄方向相反，这种情况容易导致被摄主体曝光不足，但是却可以出现炫光的特殊效果。逆光拍摄可增强被摄物体的质感，还可增强画面的整体氛围，让画面更具冲击力。下图所示的视频画面即为逆光拍摄。

4. 顶光

顶光常常出现在炎炎夏日的正午，光源位于物体顶部，光线与拍摄方向呈 90 度直角。顶光拍摄的画面，大多上亮下暗，具有很强的通透感，如下图所示。顶光一般不用于人物的拍摄，因为容易出现额头、鼻头局部曝光过度的情况。

8.1.3 巧妙运镜，瞬间提升视频格调

想要拍出精彩、吸睛的视频，运镜是最为基础、也最为实用的拍摄技巧。运镜，又称为"运动镜头""移动镜头"，它是指手机在运动中拍摄的镜头。与运镜相对的是定镜，定镜头拍摄的画面虽稳定但稍显呆板，而运动镜头拍摄的画面则更具动感。运镜有 8 种技巧，分别是：推、拉、摇、移、跟、甩、升、降。大多数短视频的拍摄就是这 8 种运镜技巧的组合。

1. 推镜头

推镜头是一个从远到近的构图变化。在被摄物体位置不变的情况下，镜头向前缓缓移动或急速推进。随着镜头的前推，画面经历了由远景、全景、中景、近景到特写的连续变化。

推镜头的主要作用是突出主体，使观众的视觉注意力相对集中，视觉感受得到加强，造成一种审视的状态。这符合人们在实际生活中由远而近、从整体到局部、由全貌到细节观察事物的视觉心理。下两图所示即为通过推镜头拍摄的视频画面。

2. 拉镜头

拉镜头与推镜头正好相反，它是镜头通过移动逐渐远离被摄物体。拉镜头一方面取景范围由小变大，逐渐把陪体或环境纳入画面；另一方面，被摄物体由大变小，其表情或细微动作逐渐不再能看得清晰，与观众的距离也逐步加大。

拉镜头往往用于把被摄物体重新纳入一定的环境，提醒观众注意被摄物体所处的环境或者被摄物体与环境之间的关系变化。下两图所示的视频画面即为通过拉镜头拍摄的花上的小蜜蜂。

3. 摇镜头

摇镜头是手机的位置保持不动，只靠镜头变动来调整拍摄的方向。这类似于人站着不动，仅靠转动头部来观察周围的事物，可以模拟人眼效果进行叙述，控制空间描述环境。

摇镜头通常又分为左右摇和上下摇，如下页图所示。左右摇常用来介绍大场面，上下摇常用来展示被拍摄物体的高大、雄伟。摇镜头在逐一展示、逐渐扩展景物时，能使观众产生身临其境的感觉。

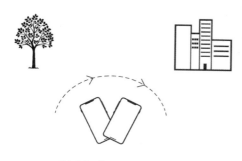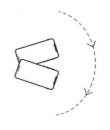

4. 移镜头

移镜头，顾名思义便是要移动镜头拍摄。拍摄时可以双手持手机，然后保持身体不动，通过缓慢移动双臂来平移手机镜头，如下图所示。

移镜头的作用主要是为了表现场景中人与物、人与人、物与物之间的空间关系，或者把一些事物连贯起来加以表现。

5. 跟镜头

跟镜头是指手机镜头跟随被摄物体的运动状态进行拍摄运镜方式。镜头跟拍使处于运动状态中的被摄物体在画面中的位置保持不动，而前后景则可能不断变化，如下图所示。

跟镜头拍摄既可以突出运动中的物体，又可以交代物体的运动方向、速度、体态，以及其与环境的关系等。

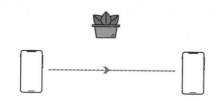

6. 甩镜头

甩镜头，也称"扫摇镜头"，指从一个被摄物体甩向另一个被摄物体，表现急剧的变化，作为场景变换的手段时不露剪辑的痕迹。甩镜头常用于表现人物视线的快速移动或呈现某种特殊视觉效果，使画面有一种突然性和爆发力。

7. 升、降镜头

升、降镜头是指手机镜头上下运动进行拍摄，是一种从多点表现场景的方法。其变化有垂直方向、斜向升降和不规则升降等方式。常常用于展示事件发展规律或在场景中做上下运动的主体对象的情绪。

8.1.4 用手机拍出有景深的虚化效果

中老年朋友想要用手机拍出背景虚化的效果,首先要将焦距尽可能地放大,但焦距放太大容易导致视频画面变模糊,因此需要设置一个比较合适的焦距;其次,要让镜头尽可能靠近被摄物体。由此可见,背景虚化的关键点在于焦距、对焦和选择好背景。

1. 焦距

现在大多数的手机相机都自带背景虚化功能。当被摄物体聚焦清晰时,从该物体前面的一段距离到其后面的一段距离内的所有景物也是清晰的。

扫码看视频

在1倍焦距下拍摄花朵时,花朵主体是清晰的,背景有些轻微模糊,如下左图所示。在2倍焦距下拍摄花朵时,花朵主体被放大,主体也更加突出,背景也更模糊,如下右图所示。

焦距放得越大,焦点以外的部分就会越模糊。中老年朋友在拍摄视频时,可以根据不同的画面需求,来设置焦距的倍数。下面以苹果手机为例介绍两种调整焦距的方式。

学拍摄:短视频也有大创意

01 点击"1×"按钮

打开手机相机,❶点击界面中的"视频"按钮,进入视频录制界面,❷点击圆形的"1×"取景器按钮,如右图所示。

02 长按"0.5×"按钮

可以看到焦距由默认的 1× 变为 0.5×。接着用另一种方式调整焦距。长按圆形的"0.5×"取景器按钮，如下图所示。

03 滑动调整焦距

显示出焦距调整滑块，左右滑动就能够快速调整焦距，如下图所示。

2. 对焦

对焦就是在拍摄时，在能对焦的范围内，离被摄物体越近越好，在屏幕中点击被摄物体，即可对焦成功。这在前面已经做了详细的介绍。

3. 选择合适的背景

为被摄物体选择一个合适的背景，可以使拍摄出来的视频效果更好。在拍摄短视频的时候，尽量选择干净简洁一些的背景，这样可以使被摄物体在整个视频画面中更突出。此外，拍摄者可以使用平视角度，同时将镜头贴近被摄物体来拍摄视频，以便得到较好的浅景深效果。

如右图所示为拍摄的花朵效果：画面主体清晰，背景模糊，红色的花朵和绿色背景形成了色彩反差，再加上浅景深带来的虚实对比，这使整个画面的表现力得到了增强。

虽然现在也有很多中老年朋友会使用手机来拍摄短视频，但是大多数还是停留在随手拍的阶段，拍摄出来的短视频往往不够美观。在拍摄短视频的时候，也需要掌握一定的拍摄技巧，这样才能拍出令人赞叹、风格迥异的短视频。

8.2.1 巧用小镜子拍出大世界

中老年朋友在使用手机拍摄短视频时，即使是在一些普通的场景下，也可以另辟蹊径，用一些道具来辅助拍摄。例如，可以巧用平时毫不起眼的玻璃镜子拍出"天空之境"般的大片效果。拍摄时，将手机镜头朝下，尽量贴近镜面，如下两图所示。

多次调整镜子的位置，找到合适的角度和方位，然后点击相机中的录制按钮，即可录制视频。录制的效果如下图所示。

8.2.2　用仰视拍摄出震撼场景

　　中老年朋友在出门散步、旅行时，看到漂亮的风景总会想要用手机拍摄下来。此时，如果采用比较常见的平视角度拍摄，很多画面就会显得平常，缺乏新意。

　　如右图所示的短视频画面为平视角度拍摄的秋天的美景。不仅视频画面很普通，而且还容易因为画面中出现走动的人影响整体效果。

　　此时，想要拍摄出震撼的画面效果，可以将手机镜头朝上，将蓝天作为背景进行拍摄，这样既可以让拍摄的画面显得更干净，又在一定程度上增强了画面的空间立体感和视觉冲击力，如下两图所示。

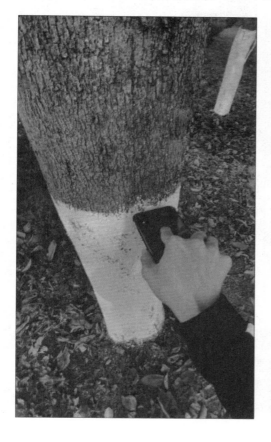

8.2.3 用延时摄影拍出都市夜景

城市的夜晚，在霓虹灯的照射下，穿梭于城市各个街道的车流形成了一道独特的美景。若想把这美景通过短视频记录下来，则需要用到手机中的"延时摄影"功能。"延时摄影"是将长时间录制的影像转换为短视频，快速展现景物变化的过程。

接下来就以苹果手机为例，介绍如何使用手机自带相机中的"延时摄影"功能拍摄都市夜景。

扫码看视频

01 点击"延时摄影"	**02** 点击 ∧ 按钮
打开手机相机，❶点击"延时摄影"，❷进入延时摄影模式，如下图所示。	在延时摄影模式下，点击界面顶端的 ∧ 按钮，如下图所示。

> 📋 **提示**
>
> 延时拍摄车流时，场景的选择十分重要。一般需要选择一个能观看到较多车流的地方，如天桥上或高楼上。另外，录视频的时候，有电话呼入会自动打断录制，所以在录制前可以打开"飞行模式"以避免拍摄被打断。

学拍摄：短视频也有大创意

03 拖动调整曝光

显示出"曝光"选项滑块，将滑块向右拖动到 –2.0 位置，以降低曝光度，如下图所示。

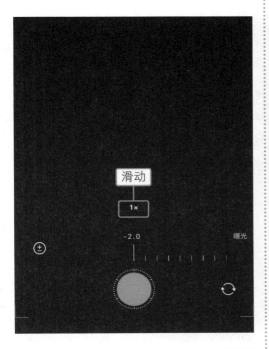

04 点击录制按钮

将镜头对准拍摄对象，点击下方的录制按钮，即可开始以延时摄影模式录制视频，如下图所示。

05 再次点击录制按钮

录制视频时，白色圆环每转动一圈为 1 秒。拍摄完成后，再次点击红色录制按钮即可停止录制，如右图所示。录制完成的视频会自动存储到手机相册。

> **提示**
>
> 安卓手机使用"延时摄影"的方法与苹果手机有一定的区别。以华为手机为例，要拍摄延时视频，先打开手机相机，然后在相机界面点击"更多"标签，在展开的菜单中点击"延时摄影"按钮。

8.2.4　拍摄精彩的日出日落效果

大气层中的云是自然的反光物体，在日出和日落时，其会产生各种各样美妙的变化，是不错的手机短视频题材，也是很多中老年朋友都喜欢拍摄的短视频题材。想要拍摄精彩的日出和日落视频比较重要的两点就是拍摄时间和拍摄地点。只要我们选择恰当的时间、地点来进行拍摄，往往就可以拍摄出非常不错的日出、日落效果。

1. 拍摄时间

日出的拍摄时间相对来说比较难把握，这是因为日出一般来得比较突然，所以拍摄日出需要找到一个合适的等待地点，抓住拍摄的时间，将朝阳最精彩的瞬间记录下来。日出的时候，在地面或者山间通常都会有不少雾气，并呈现出朦胧的蓝色调。下两图所示即为拍摄的一段日出视频的画面：云雾为群山营造出了一种若隐若现的美。

相对于日出，日落的拍摄时间更好把握，我们很容易就能目睹日落的全过程，对其位置和亮度都能预测。通常，在太阳接近地平线时，天空中的云朵在夕阳的折射和反射下可以呈现出不同的色彩。而当太阳落到地平线下方以后，在其之后的一小段时间内，天空仍然会有漂亮的色彩，这时就是拍摄日落短视频的最佳时机。如下两图所示即是拍摄的一段日落视频的画面。从视频画面中可以看到随着时间的不断推移，日落的色彩氛围也变得越来越浓烈。

2. 拍摄地点

为了能够拍摄到更漂亮的日出，可以选择山顶、建筑物顶层等制高点，这样拍摄出的画面色彩更加饱和，表现力也较强。

下两图所示为在山顶拍摄的日出视频画面。视频画面记录下了日出时分，阳光洒在山峰上，雪山仿佛放出金色的光芒，整个画面非常壮观。

除此之外，湖边和海边也是不错的拍摄日出、日落的地点。在拍摄的时候，可以采用水平构图的方式，这样，在拍出更加广阔水面的同时，也让画面的纯粹感与集中度相对更高。

下两图所示的视频画面即是在湖边拍摄的日落视频画面。画面中可以看到日落时分，夕阳在水面上留下了一条长长的金色倒影，水天相接。如果配上动人的背景音乐，一定更具感染力。

8.2.5 手机拍出风起云涌的效果

天空中的云朵姿态各异，在云朵流动的时候，我们可以使用视频来记录云朵流动的轨迹，再现其风起云涌的过程。流云虽然很美，但要拍好还是需要一定的技巧。首先，拍摄流云时，天空中的云朵最好不要过于密集，稀疏的云朵最佳；其次，在拍摄时间上，最好选择在降雨前后，因为在这个时间段云朵的流速是比较快的，不需要其他的后期也能获得比较不错的流云效果。

扫码看视频

下页两图所示的即是拍摄的一段流云视频的画面。视频中，天空中的云朵在微风的吹拂下，不停飘动，变换不同的造型。

第8章

　　可以使用手机中的"延时摄影"模式来拍摄流云。"延时摄影"模式能够将云彩流动的效果很好地表现出来，使得画面更富有动感。

点击"延时摄影"

打开手机相机，在相机界面点击"延时摄影"按钮，如下图所示。

02 点击焦距

进入"延时摄影"模式，点击取景器下方的圆形"1×"按钮，如下图所示。

将视频录制焦距更改为"0.5×",点击下方的录制按钮,如下图所示。

录制视频,录制完成后再次点击录制按钮,如下图所示,停止录制。

第 8 章

学习笔记

第9章

学剪辑：精彩视频得心应手

当拍摄好一段短视频后，为了让视频变得更精彩，需要对视频进行一定的后期剪辑处理，如裁剪多余内容、为视频添加音乐、转场等。本章将详细介绍一些手机短视频的剪辑技巧，以指导中老年朋友完成简单的视频剪辑。

9.1 手机自带的视频编辑App

使用手机拍摄短视频后，可以使用手机中自带的视频编辑软件对拍摄的短视频做简单的编辑处理，比如裁剪短视频、短视频的基础调色等。

扫码看视频

9.1.1 去其糟粕，提炼精华

拍摄短视频时，难免会出现一些多余的内容影响到短视频的整体效果，这时我们只需要应用手机自带的视频编辑软件将多余的部分剪掉即可。

01 点击"照片"	02 点击拍摄的视频
打开手机，在手机桌面找到并点击"照片"图标，如下图所示。	进入"照片"页面，点击页面中拍摄好的一段视频，如下图所示。

点击"编辑"按钮

此时，将会进入一个新的页面，在该页面中点击右上角的"编辑"按钮，如下图所示。

拖动右侧箭头

继续在视频编辑页面对视频进行裁剪。将时间轴右侧的箭头向左拖动，裁剪掉视频后面多余的部分，如右图所示。

提示

如果拍摄的视频中有很多的噪声，可以在"视频"页面中点击左上角的■按钮，关闭视频原声，这样可以得到安静的视频画面。

拖动左侧箭头

进入视频编辑页面，在页面中向右拖动时间轴左侧的箭头，裁剪掉视频前面多余的部分，如下图所示。

第
9
章

9.1.2 选好滤镜，事半功倍

如果对手机拍摄出的视频颜色不满意，可以使用视频编辑软件中的"滤镜"一键调色，让视频呈现出不一样的效果。

01 点击"滤镜"按钮

点击视频编辑页面下方的"滤镜"按钮，如下图所示。

02 点击"鲜暖色"滤镜

页面下方显示了多种滤镜，点击其中的"鲜暖色"滤镜，如下图所示。

03 拖动调节滑块

滤镜下方会显示滤镜调节滑块。拖动滑块至"95"位置，以降低滤镜强度，如右图所示。

💬 **提示**

　　在"滤镜"页面中可以点击不同的滤镜，查看不同的效果，从而为视频选择更合适的滤镜。如果想要删除添加的滤镜，则可以点击"原片"滤镜。

学剪辑：精彩视频得心应手

9.1.3 调整细节，美化色彩

滤镜虽然可以快速调色，改变画面的色调风格，但其效果有限。因此在一些视频中还可以通过手动调节选项，对视频的色彩做更进一步的美化设置。

01 **点击"调整"按钮**

点击视频编辑页面下方的"调整"按钮，如下图所示。

02 **点击"阴影"按钮**

此时页面下方显示了调整选项，点击"阴影"按钮，如下图所示。

03 **拖动调节滑块**

拖动阴影调节滑块至"46"位置，以提高阴影部分的亮度，如下图所示。

04 **点击"亮度"按钮**

点击"亮度"按钮，下方显示出亮度调节滑块，如下图所示。

拖动亮度调节滑块至"26"位置，以提高画面的亮度，如下图所示。

调整亮度后，❶点击"饱和度"按钮，显示饱和度调节滑块，❷拖动滑块至"56"位置，提高画面的颜色饱和度，如下图所示。

调整颜色饱和度后，❶点击"色调"按钮，显示色调调节滑块，❷拖动滑块至"25"位置，使视频画面变得更蓝一些，如下图所示。

调整完成后，点击页面右下角的"完成"按钮，如下图所示。

学剪辑：精彩视频得心应手

09 点击"将视频存储为新剪辑"

在弹出的菜单中点击"将视频存储为新剪辑"选项，如下图所示。

10 存储视频

此时页面左下角会显示将编辑的视频存储为一个新视频的存储进度，如下图所示。

> **提示**
>
> 在步骤 09 中，如果选择"存储视频"选项，则会直接存储剪辑后的视频，并用剪辑后的视频覆盖原视频，这样我们就不能再对原视频进行编辑操作了。所以，一般不建议选择"存储视频"选项。

9.2 潮流视频编辑App

手机自带的视频编辑软件功能十分有限，所以很多时候我们需要在手机中下载并安装几款简单好用的视频编辑软件用于短视频的编辑。目前，比较流行的视频编辑软件有抖音、快手、剪映、VUE 等。

9.2.1 抖音：短短15秒拍出大片效果

抖音是一款音乐创意短视频的社交软件。抖音之所以热度非常高，主要在于它有丰富的内容，只需短短 15 秒就能够拍摄、制作出精彩的短视频。下面就来讲解如何使用抖音拍摄和剪辑短视频。

扫码看视频

01 点击"抖音"图标

打开手机，在应用商店先下载好抖音App，然后在手机桌面找到并点击"抖音"图标，如右图所示。

第9章

02 点击"+"按钮

进入抖音"首页"界面，点击底部中间的"+"按钮，如下图所示。

03 点击"道具"按钮

进入抖音拍摄界面，点击界面中的"道具"按钮，如下图所示。

04 点击选择道具

弹出道具菜单，❶点击"氛围"标签，❷点击下方的"道具魔法 – 浪漫"道具，如下图所示。

05 点击"快慢速"按钮

点击屏幕中间的区域，关闭道具菜单，点击界面右侧的"快慢速"按钮，如下图所示。

学剪辑：精彩视频得心应手

06 点击"慢"按钮

弹出速度调整菜单，点击"慢"按钮，设置视频速度为"慢"，如下图所示。

07 点击"快慢速"按钮

再次点击"快慢速"按钮，关闭速度调整菜单，如下图所示。

08 点击"分段拍"按钮

在视频录制界面，❶点击下方的"分段拍"按钮，❷按住录制按钮，录制第一段视频，如下图所示。

09 录制第一段视频

松开手指，完成第一段视频的录制，显示视频时长为 5 秒，如下图所示。

将手机镜头对准另一盆植物，按住界面中的录制按钮，录制第二段时长为 5 秒的视频，如下图所示。

松开手指，完成第二段视频的录制，录制的视频时长由原来的 5 秒变为 10 秒，如下图所示。

将手机镜头对准第三盆植物，按住界面中的录制按钮，录制第三段视频，如下图所示。

录满 15 秒后，系统自动跳转至新界面，点击该界面中的"选择音乐"按钮，如下图所示。

学剪辑：精彩视频得心应手

14 选择背景音乐

弹出推荐音乐菜单，❶点击"春三月"按钮，选择背景音乐，❷然后点击"音量"标签，如下图所示。

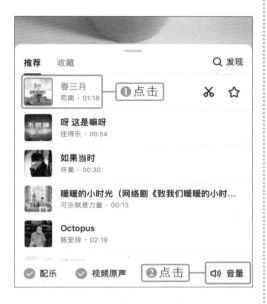

15 拖动"音量"滑块

弹出音量调整菜单，在此菜单中将"原声"滑块拖动到"0"位置，关闭视频原声，如下图所示。

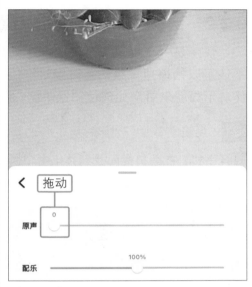

16 点击"下一步"按钮

点击屏幕中间的区域，关闭音量调整菜单，点击界面下方的"下一步"按钮，如下图所示。

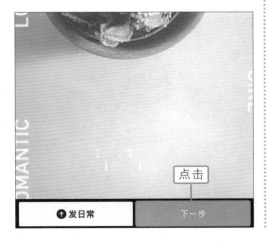

17 点击"草稿"按钮

进入"发布"界面，点击左下角的"草稿"按钮，将作品存储到草稿箱中，如下图所示。草稿箱中的作品可以再次打开进行编辑；如需发布，请阅读本书10.5节中的相关内容。

9.2.2 快手：制作精美的"照片电影"

快手是一个用于记录和分享生活的平台。在快手中，用户不但可以拍摄短视频，还可以对拍摄的照片、视频进行编辑操作。下面就来讲解如何使用快手制作精美的"照片电影"视频。

扫码看视频

01 点击"快手"图标

打开手机，在手机桌面找到并点击"快手"图标，如下图所示。

02 点击相机图标

进入快手"首页"界面，点击页面下方的相机图标，如下图所示。

03 点击"相册"按钮

进入视频拍摄页面，在此页面中点击"相册"按钮，如右图所示。

> **提示**
>
> 在视频拍摄页面，直接点击录制按钮可以录制视频，如果想要拍摄一张照片作为素材，则需要点击上方的"拍照"按钮，进入照片拍摄页面进行拍摄。

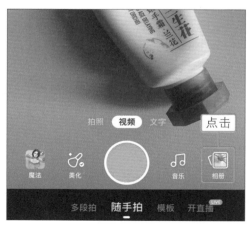

学剪辑：精彩视频得心应手

04 选择照片

打开手机相册，❶在相册中点击选择多张拍摄好的照片，❷点击"下一步"按钮，如下图所示。

05 点击"封面"按钮

进入"照片电影"编辑页面，点击页面中的"封面"按钮，如下图所示。

06 设置视频封面

❶拖动时间轴上的橙色框至要设为封面的位置，❷然后点击上方的一种标题样式，如下图所示。

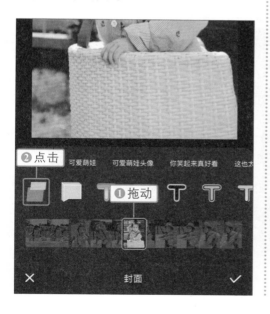

07 输入封面文字

点击屏幕中添加的样式，❶输入文字，❷点击下载"甜妞"字体，如下图所示。

08 移动文字位置

❶将屏幕中的标题文字拖动到下方合适的位置，❷然后点击☑按钮，如下图所示。

09 点击"主题"按钮

关闭标题菜单，点击页面下方的"主题"按钮，如下图所示。

10 选择主题

❶在弹出的主题菜单中点击一个主题，❷然后点击☑按钮，如下图所示。

11 点击"配乐"按钮

关闭主题菜单，点击页面下方的"配乐"按钮，如下图所示。

学剪辑：精彩视频得心应手

12 点击"更多音乐"按钮

弹出配乐菜单，点击菜单中的"更多音乐"按钮，如下图所示。

13 输入并搜索音乐

弹出"选择音乐"页面，点击页面上方的搜索框，❶输入要查找音乐的关键字，❷点击"搜索"按钮，如下图所示。

14 点击"使用"按钮

❶在搜索结果列表中点击需要添加的音乐，❷点击该音乐右侧的"使用"按钮，如下图所示。

15 添加配乐

在页面中的"推荐"下方，看到当前选择的音频为上一步骤中所选择的音乐，如下图所示。

关闭配乐菜单，点击下方的"下一步"按钮，如下图所示。

进入到视频发布页面。这里点击"发布"按钮可发布视频，如下图所示。

9.2.3 剪映：剪出更多同款视频

　　剪映是抖音官方的视频编辑软件。对于中老年朋友来说，如果不太熟悉视频剪辑的流程和操作方法，那剪映中的"一键剪同款"功能就是非常不错的选择，它可以让你轻松剪出热门同款短视频效果。

扫码看视频

打开手机，在手机桌面找到并点击"剪映"图标，如下图所示。

打开剪映，点击界面下方的"剪同款"按钮，如下图所示。

学剪辑：精彩视频得心应手

03　点击同款短视频

进入到"剪同款"页面。❶点击"卡点"标签，❷点击选择需要编辑的同款短视频，如下图所示。

04　点击"剪同款"按钮

进入视频播放页面，点击页面右下角的"剪同款"按钮，如下图所示。

05　选择视频素材

打开新的页面，❶在页面中依次点击要导入的视频片段，❷点击"下一步"按钮，如下图所示。

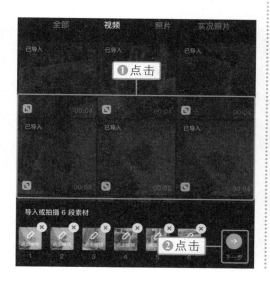

06　点击"导出"按钮

添加选中的视频片段后，点击页面右上角的"导出"按钮，如下图所示。

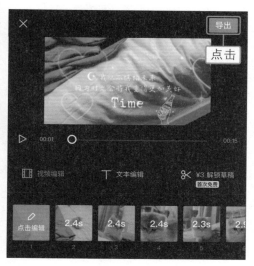

07　点击"无水印保存并分享"按钮

弹出"导出设置"菜单，点击该菜单中的"无水印保存并分享"按钮，如下图所示。

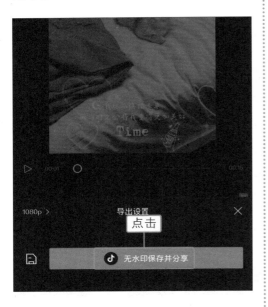

08　显示导出视频

打开导出页面，显示正在导出视频，如下图所示。

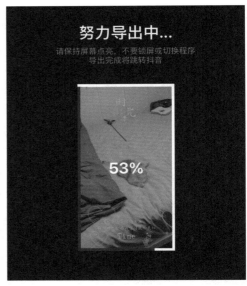

09　点击"下一步"按钮

导出完成后，自动跳转至抖音，在抖音页面点击"下一步"按钮，如下图所示。

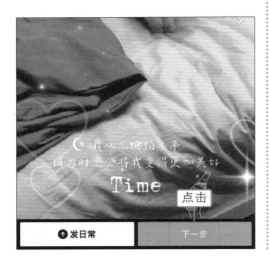

10　点击"草稿"按钮

进入"发布"页面，点击"草稿"按钮，保存短视频，如下图所示。如需发布，点击"发布"按钮，本书的10.5节会进行详细讲解。

学剪辑：精彩视频得心应手

9.2.4 VUE：制作更完整的短视频

VUE 是一款实用性较强的短视频拍摄和编辑 App。VUE 最大的亮点就是界面简洁干净，以黑白色为主。在 VUE 中不但可以为拍摄的短视频添加音乐、转场等，还可以应用预设轻松地为短视频添加片头、片尾，以增强短视频的完整性。

扫码看视频

01 点击"VUE"图标

打开手机，在手机桌面找到并点击"VUE"图标，如下图所示。

02 点击相机图标

打开 VUE，点击界面下方的相机图标，如下图所示。

03 点击"剪辑"按钮

打开新的页面，点击页面中的"剪辑"按钮，如下图所示。

04 选择视频片段

打开手机相册。❶在相册中选择并点击要编辑的视频片段，❷点击"导入"按钮，如下图所示。

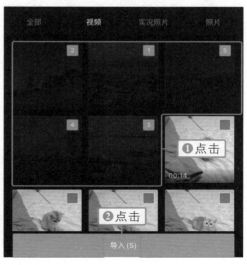

第9章

05　点击"静音"按钮

导入选择的几段视频，系统默认选中第一段视频。点击"静音"按钮，关闭第一段视频的原声，如下图所示。

06　选择视频点击"静音"按钮

❶在时间轴中点击选中第二段视频，❷点击"静音"按钮，关闭第二段视频的原声，如下图所示。

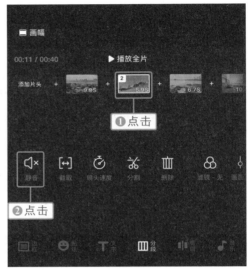

07　点击"画面调节"按钮

采用相同方法关闭另外三段视频的原声。向左滑动工具栏，点击工具栏中的"画面调节"按钮，如下图所示。

08　拖动"亮度"滑块

弹出"画面调节"菜单，在菜单中向上拖动"亮度"滑块，以提高画面亮度，如下图所示。

09 拖动"饱和度"滑块

调整画面亮度后,再向上拖动"饱和度"滑块,提高画面的颜色鲜艳度,如下图所示。

10 拖动"色温"滑块

❶向下拖动"色温"滑块,调整颜色,❷点击"应用到全部分段"按钮,应用至所有视频片段,如下图所示。

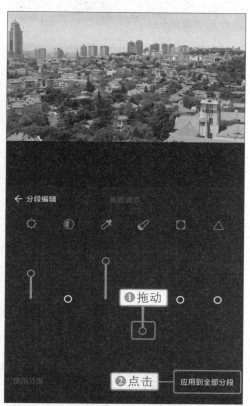

11 点击"应用到全部分段"

弹出提示菜单,❶点击菜单中的"应用到全部分段"选项,❷点击"分段编辑"按钮,如右图所示,返回主界面。

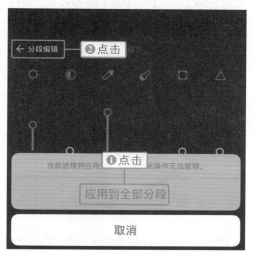

> 📖 **提示**
>
> 在步骤 10 中,如果不点击"应用到全部分段"按钮,则调整的参数将只应用于选中的视频片段。

12 点击"添加片头"按钮

在主界面中点击第一段视频前的"添加片头"按钮，如下图所示。

13 选择片头样式

进入"选择片头样式"页面，点击页面中的一种片头样式，如下图所示。

14 点击"选择此样式"按钮

打开新页面，点击页面中的"选择此样式"按钮，如下图所示。

15 输入片头信息

进入"填写片头信息"页面，❶输入片头标题和名字，❷点击"下一步"按钮，如下图所示。

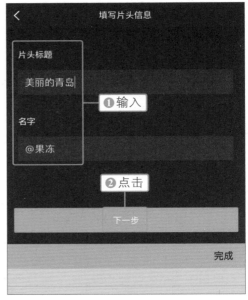

16 点击"添加此片头"按钮

打开新页面，点击页面中的"添加此片头"按钮，如下图所示。

17 点击"音乐"按钮

返回主界面，点击工具栏中的"音乐"按钮，如下图所示。

18 点击"删除"按钮

显示音频轨道，❶点击选中片头下方的音乐，❷点击"删除"按钮，如下图所示。

19 点击"删除"按钮

在弹出的菜单中点击"删除"按钮，如下图所示。

20 点击"点击添加音乐"

删除片头音乐后，点击音频轨道上的"点击添加音乐"按钮，如下图所示。

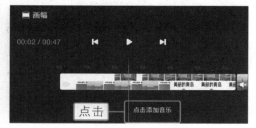

21 选择音乐类型

进入"添加音乐"页面，点击页面中的"欢快"音乐类型，如下图所示。

22 选择音乐

进入"欢快"页面，在页面中点击要使用的音乐，然后点击音乐右侧的"使用"按钮，如下图所示。

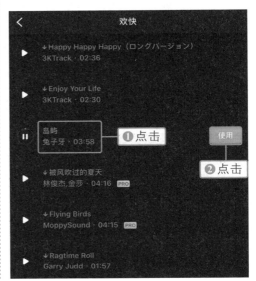

> **提示**
>
> 在步骤 21 中，如果点击上方的"从视频提取"按钮，可以从选择的视频中提取音频部分作为当前编辑视频的背景音乐。

23 点击"完成"按钮

添加选择的音乐后，可以预览添加背景音乐后的视频，返回编辑界面，点击"完成"按钮，如下图所示。

24 点击转场图标

返回主界面，❶点击工具栏中的"剪辑"按钮，❷点击第一段视频和第二段视频中间的转场图标，如下图所示。

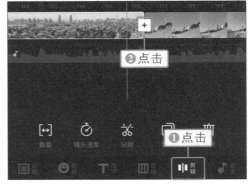

25　点击"叠化"转场

弹出"添加分段 / 转场效果"菜单，❶点击"叠化"转场，❷点击"应用到全部分段"按钮，如下图所示。

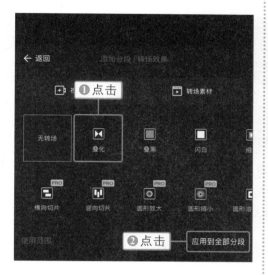

26　点击"应用到全部分段"

弹出新菜单，❶点击菜单中的"应用到全部分段"选项，❷点击"返回"按钮，如下图所示。

27　点击"下一步"按钮

返回主界面，点击右上角的"下一步"按钮，如下图所示。

28　输入视频信息

进入视频发布页面，❶输入编辑后的视频标题、描述信息，❷点击"保存并发布"按钮，保存视频，如下图所示。

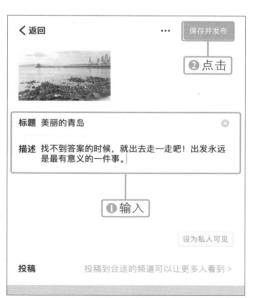

第10章

学分享：创意作品不私藏

在编辑好视频之后，中老年朋友如果想让更多的人看到自己的作品，就需要把视频分享到各个平台，如微信、QQ、抖音等。本章将详细介绍几个常用的平台中的短视频分享技巧，以指导中老年朋友完成短视频的分享。

10.1 分享给微信好友

与好友交流时，除了可以向好友发送语音、优美的图片，还可以将自己剪辑好的短视频发送给好友，与好友分享视频中的精彩内容。下面讲解如何将短视频分享给微信好友。

扫码看视频

01 点击"通讯录"按钮

打开"微信"，点击"微信"页面下方的"通讯录"按钮，如下图所示。

02 点击好友

进入"通讯录"页面，点击要发送视频的好友，如下图所示。

03 点击"发消息"按钮

进入好友详情页面，点击页面中的"发消息"按钮，如下图所示。

04 点击⊕按钮

进入与好友聊天的页面，点击页面底部的⊕按钮，如下图所示。

05 点击"照片"按钮

在展开的面板中点击"照片"按钮，如下图所示。

06 点击"视频"选项

打开手机相册，点击"最近项目"，在弹出的列表中点击"视频"选项，如下图所示。

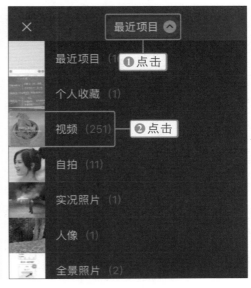

07 选择视频

进入"视频"页面，❶在页面中点击要分享的视频，❷点击"原图"按钮，❸点击"发送"按钮，如右图所示。

> **📋 提示**
>
> 　　在步骤 07 中，点击"原图"按钮，可以避免发送视频时对视频进行压缩，影响所分享视频的品质。

08 正在发送视频

此时，系统会自动返回与好友聊天的页面，显示正在发送视频，如下图所示。

09 完成视频发送

发送完成后，好友即可点击视频上的播放按钮，观看发送的视频，如下图所示。

学分享：创意作品不私藏

腾讯 QQ 是很多中老年朋友也在用的即时通信软件。中老年朋友拍摄、剪辑的短视频也可以通过腾讯 QQ 分享给自己的好友，具体操作如下。

扫码看视频

01　点击"联系人"按钮

打开手机，进入手机 QQ，点击界面下方的"联系人"按钮，如下图所示。

02　点击好友

进入"联系人"页面，在页面中点击要分享短视频的好友，如下图所示。

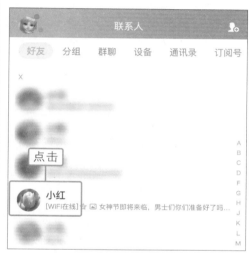

03　点击"发消息"按钮

进入好友详情页面,点击页面下方的"发消息"按钮，如右图所示。

> **提示**
>
> 　　使用手机 QQ 向好友发送视频时，如果发送的视频文件小于 100 MB，可以点击聊天页面底部的按钮，以图片形式向好友发送视频文件；如果视频文件大于 100 MB，则需要以文件形式发送视频文件。

第 10 章

04 点击 ⊕ 按钮

进入与好友聊天的页面，点击页面底部的 ⊕ 按钮，如下图所示。

05 点击"文件"按钮

在弹出的菜单中点击"文件"按钮，如下图所示。

06 选择发送的视频

进入手机视频页面，❶点击要分享的视频，❷勾选"原视频"复选框，❸点击"发送"按钮，如下图所示。

07 完成视频发送

此时，系统会自动返回与好友聊天的页面，可看到所发送的视频，如下图所示。

10.3　分享至视频号

我们在第 6 章中介绍了如何通过微信视频号观看短视频，其实中老年朋友也可以将自己剪辑好的视频分享到自己的视频号中。下面讲解具体的操作方法。

扫码看视频

01　点击"发现"按钮

打开"微信"，点击"微信"页面下方的"发现"按钮，如下图所示。

02　点击"视频号"

进入"发现"页面，点击页面中的"视频号"，如下图所示。

03　点击 按钮

进入微信视频号页面，点击页面右上角的 按钮，如下图所示。

04　点击"发表视频"按钮

进入个人主页，点击页面下方的"发表视频"按钮，如下图所示。

在弹出的菜单中点击"从手机相册选择"选项，如下图所示。

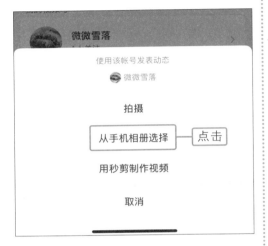

打开手机相册，❶点击"最近项目"按钮，❷在弹出的列表中点击"视频"选项，如下图所示。

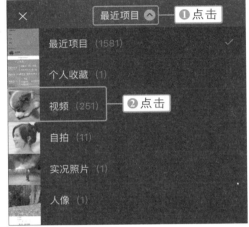

❶点击要分享的短视频，❷点击"下一步"按钮，如下图所示。

进入视频编辑页面，在这里可以对视频进行编辑。若无需编辑，点击右下角的"完成"按钮，如下图所示。

09　点击"选择封面"

进入视频发布页面,点击视频下方的"选择封面",如下图所示。

11　输入视频描述信息

返回视频发布页面,❶输入描述信息,❷点击"发表"按钮,如下图所示。

10　拖动选择封面

打开新页面,❶在页面中拖动下方的白色框,选择封面,❷点击"完成"按钮,如下图所示。

12　发表视频

发表视频,并在首页自动播放发表的视频,如下图所示。

10.4　分享至微视

微视是腾讯旗下的短视频创作与分享平台。微视用户可通过 QQ、微信账号登录，将拍摄的短视频同步分享到各个平台中。下面讲解如何在微视中分享短视频。

扫码看视频

01　点击"微视"图标

打开手机，在手机桌面找到并点击"微视"图标，如下图所示。

02　点击"同意并继续"按钮

初次打开微视，在弹出的对话框中点击"同意并继续"按钮，如下图所示。

03　点击➕图标

进入微视主页，点击页面下方的➕图标，如右图所示。

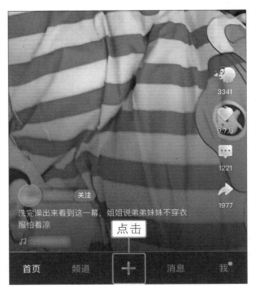

04 选择登录方式

打开用户登录页面，❶勾选"同意《用户协议》《隐私政策》"复选框，❷点击页面中的"微信登录"按钮，如右图所示。

📋 提示

在步骤04中，如果用户不想通过微信账号登录，也可以点击"QQ登录"按钮，通过QQ账号登录。但是，不管选用哪种登录方式，都需要先勾选"同意《用户协议》《隐私政策》"复选框。

05 点击"相册上传"按钮

通过微信账号登录微视，打开新页面，在页面中点击"相册上传"按钮，如下图所示。

06 选择视频

打开手机相册，❶点击需要分享的短视频，❷点击"选好了"按钮，如下图所示。

07 点击"做好了"按钮

进入视频编辑页面,点击页面底部的"做好了"按钮,如下图所示。

08 输入视频描述信息

进入"发布视频"页面,❶输入视频标题信息,❷点击"# 话题"按钮,如下图所示。

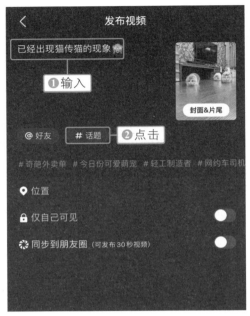

09 选择视频话题

打开话题页面,在页面中点击要添加的话题,如下图所示。

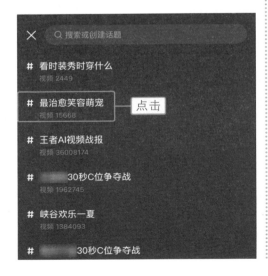

10 点击"发布"按钮

返回"发布视频"页面,点击页面下方的"发布"按钮,如下图所示。

学分享：创意作品不私藏

11　显示视频上传进度

发布短视频，页面上方会显示短视频上传的进度，如右图所示。

> ### 📋 提示
>
> 　　在发布短视频时，选择一个热门的话题更容易增加短视频的曝光率。当其他用户搜索相关热门话题时，在该话题下就更有可能看到你发布的短视频。

12　点击发布视频

上传完成后，❶点击页面下方的"我"按钮，❷进入个人主页，点击"作品"下方发布的视频，如下图所示。

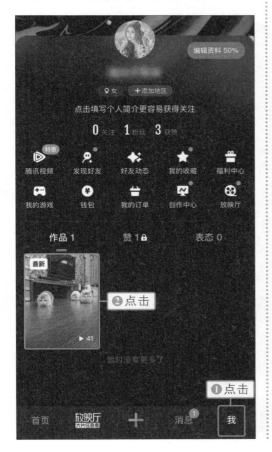

13　发布并播放视频

打开新页面，在此页面中将自动播放发布的短视频，如下图所示。

抖音是目前很火的短视频分享平台，也有越来越多的中老年朋友在这个平台上分享自己创作的短视频。下面详细介绍在抖音平台分享短视频的具体操作方法。

扫码看视频

01 点击 ➕ 图标

打开抖音，点击页面下方的 ➕ 图标，如下图所示。

02 点击"相册"按钮

进入视频拍摄页面，在此页面中点击"相册"按钮，如下图所示。

03 选择分享的视频

进入相册页面，在页面中点击要分享的视频，如下图所示。

04 点击"下一步"按钮

进入视频编辑页面，在此页面中点击"下一步"按钮，如下图所示。

05　输入视频标题

进入"发布"页面，点击页面上方的文本框，输入视频标题，点击"#话题"按钮，如下图所示。

06　选择话题

在弹出的话题列表中点击与视频内容一致的话题，如下图所示。

07　点击推荐话题

在标题后面显示添加的话题，点击"#愿所有美好不期而遇"话题，如右图所示。

添加话题后，点击页面下方的"发布"按钮，如下图所示。

发布完成后自动跳转到发布的短视频播放页面，如下图所示。

提示

发布短视频时，如果不知道有哪些热门话题，可以在抖音中点击界面右上角的"搜索"按钮，点击"抖音热榜"下方的"查看完整热点榜"，可以在打开的新页面中查看最近比较热门的话题。

10.6 分享至快手号

随着智能手机在中老年朋友中的普及，在快手平台中也能看到很多中老年朋友分享的短视频。在快手中，用户只需要从手机中选择剪辑好的短视频，就可以按照提示轻松分享自己的短视频作品了。

扫码看视频

学分享：创意作品不私藏

01 点击相机图标

打开快手，点击页面下方的相机图标，如下图所示。

02 点击"相册"按钮

进入视频拍摄页面,点击页面下方的"相册"按钮，如下图所示。

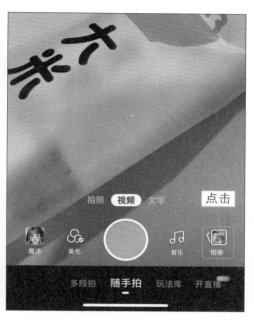

03 选择要分享的视频

打开手机相册，❶点击"视频"标签，❷点击要分享的视频，❸点击"下一步"按钮，如下图所示。

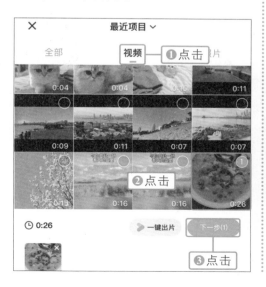

04 点击"下一步"按钮

进入视频编辑页面，点击"下一步"按钮，如下图所示。

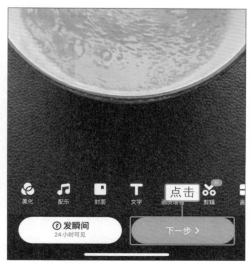

05 点击文本框

进入视频发布页面，点击页面上方的文本框区域，如下图所示。

06 输入标题

❶输入短视频的标题，❷点击下方的"＃美食"话题，如下图所示。

07 点击"确定"按钮

在标题后方显示添加的"＃美食"话题，点击"确定"按钮，如下图所示。

08 点击"所在位置"

收起键盘，点击页面中的"所在位置"标签，如下图所示。

09　点击设置位置

进入"所在位置"页面，点击发布短视频的位置（这里以成都市为例），如下图所示。

11　发布短视频

短视频发布成功后，在快手首页中显示的第一个视频就是我们发布的短视频，如右图所示。

10　点击"发布"按钮

返回视频发布页面，显示所在位置，点击下方的"发布"按钮，如下图所示。